# PRÉCIS

DE

# L'ART DE LA GUERRE,

ou

## NOUVEAU TABLEAU ANALYTIQUE.

---

Iʳᵉ PARTIE.

IMPRIMERIE DE COSSE ET G.-LAGUIONIE,
Rue Christine, 2.

# PRÉCIS

DE

# L'ART DE LA GUERRE,

OU

## NOUVEAU TABLEAU ANALYTIQUE

DES PRINCIPALES COMBINAISONS DE LA STRATÉGIE, DE LA GRANDE
TACTIQUE ET DE LA POLITIQUE MILITAIRE,

PAR

## LE BARON DE JOMINI,

Général en chef,

AIDE-DE-CAMP GÉNÉRAL DE S. M. L'EMPEREUR DE TOUTES LES RUSSIES.

❖❖❖❖❖❖

## DERNIÈRE ÉDITION,

CONSIDÉRABLEMENT AUGMENTÉE.

❖❖❖❖❖❖

## Iᵉ PARTIE.

# PARIS,

| | |
|---|---|
| ANSELIN, LIBRAIRE<br>Pour l'Art Militaire,<br>LES SCIENCES ET LES ARTS, | G.-LAGUIONIE, IMPRIMEUR,<br>LIBRAIRE DU PRINCE ROYAL<br>Pour l'Art Militaire, |

RUE ET PASSAGE DAUPHINE, N. 36.

1838.

# PRÉCIS

DE

# L'ART DE LA GUERRE,

OU

## NOUVEAU TABLEAU ANALYTIQUE

DES PRINCIPALES COMBINAISONS DE LA STRATÉGIE, DE LA GRANDE
TACTIQUE ET DE LA POLITIQUE MILITAIRE,

PAR

## LE BARON DE JOMINI,

Général en chef,

AIDE-DE-CAMP GÉNÉRAL DE S. M. L'EMPEREUR DE TOUTES LES RUSSIES.

◆◆◆◆◆◆

### DERNIÈRE ÉDITION,

CONSIDÉRABLEMENT AUGMENTÉE.

◆◆◆◆◆◆

### Ire PARTIE.

# PARIS,

**ANSELIN, LIBRAIRE**
Pour l'Art Militaire,
LES SCIENCES ET LES ARTS,
RUE ET PASSAGE DAUPHINE, N. 36.

**G.-LAGUIONIE**, IMPRIMEUR,
LIBRAIRE DU PRINCE ROYAL
Pour l'Art Militaire,

1838.

IMPRIMERIE DE COSSE ET G.-LAGUIONIE,
Rue Christine, 2.

# A SA MAJESTÉ L'EMPEREUR
## DE TOUTES LES RUSSIES,
### ETC., ETC., ETC.

Sire,

**VOTRE MAJESTÉ IMPÉRIALE,** dans Sa juste sollicitude pour tout ce qui peut contribuer aux progrès et à la propagation des sciences, daigna ordonner la traduction, en langue russe, de mon Traité des grandes Opérations militaires, pour les Instituts de la Couronne.

Jaloux de répondre aux vues bienveillantes de **VOTRE MAJESTÉ,** je crus devoir augmenter cet ouvrage d'un Tableau analytique, qui lui servirait de complément. Ce premier essai, publié en 1830, remplissait le but pour lequel il avait été rédigé. Mais j'ai pensé dès lors qu'en élargissant un peu son cadre, il serait possible de le rendre plus utile et d'en faire un ouvrage complet par lui-même. Je crois avoir obtenu ce résultat.

Malgré son peu d'étendue, ce Précis renferme aujourd'hui les principales combinaisons que le général d'armée et l'homme d'état peuvent faire pour la conduite d'une guerre : jamais objet si important ne fut traité dans un cadre à la fois plus resserré et plus à la portée de tous les lecteurs.

Je prends la liberté de faire hommage de ce Précis à **VOTRE MAJESTÉ IMPÉRIALE**, en La suppliant de vouloir bien l'accueillir avec indulgence. Mes vœux seraient comblés, si ce travail pouvait mériter les suffrages d'un Juge aussi éclairé, d'un Monarque aussi versé dans l'art important qui élève et conserve les empires.

Je suis avec vénération,

Sire,

De Votre Majesté Impériale,

Le plus humble et fidèle serviteur,

**GÉNÉRAL JOMINI.**

Saint-Pétersbourg, 6 mars 1837.

# AVERTISSEMENT.

———

Il y a de la témérité peut-être à publier un ouvrage sur la guerre, au moment où les apôtres de la paix perpétuelle sont seuls écoutés. Mais la fièvre industrielle et l'accroissement des richesses qu'on en espère, ne seront pas toujours les seules divinités auxquelles les sociétés sacrifieront. La guerre est à jamais un mal nécessaire, non-seulement pour élever ou sauver les états, mais encore pour garantir même le corps social de dissolution, comme l'a si judicieusement observé l'illustre Ancillon dans son brillant *Tableau des révolutions du système politique européen*.

Je me décide donc à la publication de ce *Précis*, en le faisant précéder de quelques explications sur les diverses métamorphoses qu'il a subies, et sur ce qui les a motivées.

S. M. l'Empereur ayant ordonné de traduire mon *Traité des grandes opérations militaires*, qui n'avait jamais été terminé comme ouvrage d'ensemble, je résolus d'abord d'en remplir les lacunes en rédigeant, en 1829, le *Tableau analytique des principales com-*

*binaisons de la guerre.* Exécuté un peu précipitamment, et conçu dans l'unique but de servir d'annexe à mon susdit *Traité*, ce premier essai ne dut point être considéré comme un ouvrage séparé.

Appelé l'année dernière à lui donner quelques développements pour le faire servir à l'instruction d'un auguste prince, je le rendis assez complet pour lui accorder un brevet d'émancipation, et en faire un ouvrage indépendant de tout autre.

Plusieurs articles nouveaux sur les guerres d'opinions et nationales, sur la direction suprême des opérations de la guerre, sur le moral des armées, sur les lignes de défense, sur les zones et lignes d'opérations, sur les réserves stratégiques et les bases passagères, enfin sur la stratégie dans la guerre des montagnes, sur la manière de juger les mouvements de l'ennemi et sur les grands détachements, en ont fait un ouvrage tout-à-fait neuf, sans parler des nombreuses améliorations faites aux autres articles. Toutefois, malgré ces changements, il parut d'abord sous son ancien titre; mais cédant à l'opinion des libraires mêmes, je me convainquis de la nécessité de lui en donner un nouveau pour le distinguer des essais partiels qui l'avaient précédé. Je le nommai donc *Précis de l'art de la guerre*, ou *Nouveau Tableau analytique*, etc.

Je donne la seconde édition de ce *Précis*, comme

mon dernier mot sur les hautes combinaisons spéculatives de la guerre : elle sera encore augmentée de
plusieurs articles intéressants, sur les bases et fronts
d'opérations, sur la logistique ou art pratique de mouvoir les armées; sur les grandes invasions lointaines,
sur les lignes stratégiques, les manœuvres pour tourner les lignes de bataille. Outre cela, presque tous les
autres articles ont reçu de nouveaux développements.

N'ayant pu pousser plus loin les investigations sur
les détails pratiques de l'art, auxquelles mon cadre et
mon but se refusaient également, j'ai indiqué les ouvrages où ces détails se trouvent enseignés autant que
la chose est faisable. C'est à bien appliquer les combinaisons spéculatives de la grande guerre que tous ces
détails doivent tendre; mais chacun procédera naturellement à cette application selon son caractère, son
génie, sa capacité : ici les préceptes deviennent difficiles et ne servent que de jalons approximatifs.

Je serai heureux si mes lecteurs trouvent dans ce
livre, les bases essentielles de ces combinaisons, et s'ils
l'accueillent avec bienveillance. Je demande grâce pour
son style, surtout pour les éternelles répétitions d'expressions techniques : aujourd'hui que l'art de faire
des phrases court les rues, chacun a le droit d'être
difficile; mais le mérite réel d'un ouvrage didactique
plein de définitions compliquées, est incontestablement

celui d'être clair ; or pour y réussir il faut se résoudre à ces fréquentes répétitions de mots et même d'idées que rien ne saurait remplacer, et ne point viser à l'élégance des phrases.

On me reprochera peut-être d'avoir poussé un peu loin la manie des définitions ; mais, je l'avoue, je m'en fais un mérite : car pour poser les bases d'une science jusqu'ici peu connue, il est essentiel de s'entendre avant tout sur les diverses dénominations qu'il faut donner aux combinaisons dont elle se compose, autrement il serait impossible de les désigner et de les qualifier. Je ne dissimule pas que quelques-unes des miennes pourraient être encore améliorées, et comme je n'ai aucune prétention à l'infaillibilité, je suis prêt à admettre avec empressement celles qui seraient plus satisfaisantes. Enfin si j'ai cité souvent les mêmes événements comme exemple, je m'y suis décidé pour la commodité des lecteurs qui n'ont pas toutes les campagnes dans leur mémoire ou dans leur bibliothèque. Il suffira ainsi de connaître les événements cités pour rendre les démonstrations intelligibles, une plus grande série de preuves ne manquera pas à ceux qui connaissent l'histoire militaire moderne.

G. J.

Le 6 mars 1837.

# NOTICE

SUR LA

# THÉORIE ACTUELLE DE LA GUERRE

## ET SUR SON UTILITÉ.

Le précis de l'art de la guerre, que je soumets au public fut rédigé dans l'origine pour l'instruction d'un auguste prince, et grâce aux nombreuses additions que je viens d'y faire, je me plais à croire qu'il sera digne de sa destination. Afin d'en mieux faire apprécier le but, je crois devoir le faire précéder de quelques lignes sur l'état actuel de la théorie de la guerre. Je serai forcé de parler un peu de moi et de mes œuvres; j'espère qu'on me le pardonnera, car il eût été difficile d'exposer ce que je pense de cette théorie, et la part que je puis y avoir prise, sans dire comment je l'ai conçue moi-même.

Ainsi que je l'ai dit dans mon chapitre de principes, publié isolément en 1807, l'*Art de la guerre a existé de tout temps*, et la stratégie surtout fut la même sous César comme sous Napoléon. Mais l'art, confiné dans la tête des grands capitaines, n'existait dans aucun traité écrit. Tous les livres ne donnaient que des fragments de systèmes, sortis de l'imagination de leurs auteurs, et renfermant ordinairement les détails les plus minutieux (pour ne pas dire les plus niais), sur les points les plus accessoires de la tactique, la seule partie de la guerre, peut-être, qu'il soit impossible de soumettre à des règles fixes.

Parmi les modernes, Feuquières(*), Folard et Puiségur avaient ouvert la carrière ; le premier, par des relations critiques et dogmatiques fort intéressantes ; le second, par ses commentaires sur Polybe et son traité de la colonne ; le troisième par un ouvrage qui fut, je crois, le premier essai de logistique, et une des premières applications de l'ordre oblique des anciens.

Mais ces écrivains n'avaient pas pénétré bien avant dans la mine qu'ils voulaient exploiter, et pour se faire une idée juste de l'état de l'art au milieu du xviiᵉ siècle, il faut lire ce qu'écrivait le maréchal de Saxe dans la préface de ses Rêveries.

« La guerre, *disait-il*, est une science couverte de
« ténèbres, au milieu desquelles on ne marche point
« d'un pas assuré ; la routine et les préjugés en sont la
« base, suite naturelle de l'ignorance.

---

(*) Feuquières ne fut pas assez apprécié par ses contemporains, du moins comme écrivain ; il avait l'instinct de la stratégie, comme Folard celui de la tactique, et Puiségur celui de la logistique.

« Toutes les sciences ont des principes, la guerre
« seule n'en a point encore : les grands capitaines qui
« ont écrit ne nous en donnent point; il faut être con-
« sommé pour les comprendre.

« Gustave-Adolphe a créé une méthode, mais on
« s'en est bientôt écarté, parce qu'on l'avait apprise
« par routine. Il n'y avait donc plus que des usages,
« *dont les principes nous sont inconnus.* »

Ceci fut écrit vers le temps où Frédéric-le-Grand
préludait à la guerre de sept ans par ses victoires de
Hohenfriedberg, de Soor, etc. Et le bon maréchal de
Saxe, au lieu de percer ces ténèbres dont il se plaignait
avec tant de justice, se complaisait lui-même à rédiger
des systèmes pour habiller les soldats en blouses de
laine, pour les former sur quatre rangs, dont deux armés de piques; enfin pour proposer des fusils-canons
qu'il nommait des *amusettes*, et qui méritaient vraiment ce titre par les plaisantes images dont ils étaient
entourés.

A la suite de ces guerres de sept ans, quelques bons
ouvrages parurent : Frédéric lui-même, non content
d'être grand roi, grand capitaine, grand philosophe
et grand historien, se fit aussi auteur didactique par son
instruction à ses généraux. Guichard, Turpin, Maizeroy, Menil-Durand, soutinrent des controverses sur la
tactique des anciens comme sur celle de leur temps, et
donnèrent quelques traités intéressants sur ces matières. Turpin commenta Montécuculi et Végèce; le
marquis de Sylva en Piémont, Santa-Cruz en Espagne,
avaient aussi disputé quelques parties avec succès; enfin

d'Escremeville ébauchait une histoire de l'art, qui n'était pas dénuée de mérite. Mais tout cela ne dissipait nullement les ténèbres dont se plaignait le vainqueur de Fontenoy.

Un peu plus tard vinrent Grimoard, Guibert et Lloyd : les deux premiers firent faire des progrès à la tactique des batailles et à la logistique (*). Ce dernier souleva dans ses intéressants mémoires des questions importantes de stratégie, qu'il laissa malheureusement enfouies dans un dédale de détails minutieux sur la tactique de formation, et sur la philosophie de la guerre. Mais quoique l'auteur n'ait résolu aucune de ces questions de manière à en faire un système lié, il faut rendre la justice de dire que le premier il montra la bonne route. Toutefois sa relation de la guerre de sept ans, dont il n'acheva que deux campagnes, fut plus instructive (pour moi du moins), que tout ce qu'il avait écrit de dogmatique.

L'Allemagne produisit, dans cet intervalle entre la guerre de sept ans et celle de la révolution, une multitude d'écrits plus ou moins étendus sur différentes branches secondaires de l'art, qu'ils éclairèrent d'une faible lueur. Thielke et Faesch publièrent en Saxe, l'un, des fragments sur la castramétation, l'attaque des camps et positions, l'autre, un recueil de maximes sur les parties accessoires des opérations de la guerre.

_____

(*) Guibert, dans un chapitre excellent sur les *marches*, effleura la stratégie, mais il ne tint point ce que ce chapitre promettait.

Scharnhorst en fit autant dans le Hanovre : Warnery publia en Pruss un assez bon ouvrage sur la cavalerie : le baron de Holzendorf, un autre sur la tactique de manœuvres. En Autriche, le comte de Kevenhuller donna des maximes sur la guerre de campagne et sur celle des siéges. Mais rien de tout cela ne donnait une idée satisfaisante des hautes branches de la science.

Enfin il n'y eut pas jusqu'à Mirabeau qui, revenu de Berlin, publia un énorme volume sur la tactique prussienne, aride répétition du réglement pour les évolutions de peloton et de ligne, auxquelles on avait la bonhommie d'attribuer la plus grande partie des succès de Frédéric!! Si de pareils livres ont pu contribuer à propager cette erreur, il faut avouer toutefois qu'ils contribuèrent aussi à perfectionner l'ordonnance de 1791 sur les manœuvres, seul résultat qu'il était possible d'en espérer.

Tel était l'état de l'art de la guerre au commencement du XIX<sup>e</sup> siècle, lorsque Porbeck, Venturini et Bulow publièrent quelques brochures sur les premières campagnes de la révolution. Le dernier surtout fit une certaine sensation en Europe par son Esprit du système de guerre moderne, œuvre d'un homme de génie, mais qui n'était qu'ébauchée, et qui ajoutait peu de chose aux premières notions données par Lloyd. Dans le même temps parut aussi en Allemagne, sous le titre modeste d'introduction à l'étude de l'art militaire, un ouvrage précieux de M. de Laroche-Aymon, véritable encyclopédie pour toutes les branches de l'art, excepté pour la stratégie, qui n'y est qu'à peine indiquée; mais malgré cette lacune, ce n'en est pas moins un des ouvrages classiques les plus complets et les plus recommandables.

Je ne connaissais pas encore ces deux derniers livres, lorsqu'après avoir quitté le service helvétique comme chef de bataillon , je cherchais à m'instruire par moi-même, en lisant avec avidité toutes ces controverses qui avaient agité le monde militaire dans la dernière moitié du xviiie siècle; commençant par Puiségur, finissant par Menil-Durand et Guibert, et ne trouvant partout que des *systèmes* plus ou moins complets de la tactique des batailles , qui ne pouvaient donner qu'une idée imparfaite de la guerre, parce qu'ils se contredisaient tous d'une manière déplorable.

Je me rejetai alors sur les ouvrages d'histoire militaire pour chercher, dans les combinaisons des grands capitaines, une solution que ces systèmes des écrivains ne me donnaient point. Déjà les relations de Frédéric-le-Grand avaient commencé à m'initier dans le secret qui lui avait fait remporter la victoire miraculeuse de Leuthen (Lissa). Je m'aperçus que ce secret consistait dans la manœuvre très simple de porter le gros de ses forces sur une seule aile de l'armée ennemie, et Lloyd vint bientôt me fortifier dans cette conviction. Ensuite je retrouvai la même cause aux premiers succès de Napoléon en Italie, ce qui me donna l'idée *qu'en appliquant par la stratégie , à tout l'échiquier d'une guerre, ce même principe que Frédéric avait appliqué aux batailles , on aurait la clef de toute la science de la guerre.*

Je ne pus douter de cette vérité en relisant ensuite les campagnes de Turenne, de Marlborough , d'Eugène de

Savoie, et en les comparant à celles de Frédéric, que Terr elhoff venait de publier avec des détails si pleins d'intérêt quoique un peu lourds et par trop répétés. Je compris alors que le maréchal de Saxe avait eu bien raison de dire qu'en 1750 il n'y avait point de principes posés sur l'art de la guerre, mais que beaucoup de ses lecteurs avaient aussi bien mal interprété sa préface en concluant qu'il avait pensé que ces principes n'existaient pas.

Convaincu que j'avais saisi le vrai point de vue sous lequel il fallait envisager la théorie de la guerre, pour en découvrir les véritables règles et quitter le champ toujours si incertain des systèmes personnels, je me mis à l'œuvre avec toute l'ardeur d'un néophyte.

J'écrivis, dans le courant de l'année 1803, un volume que je présentai d'abord à M. d'Oubril, secrétaire de la légation russe à Paris, puis ensuite au maréchal Ney. Mais l'ouvrage stratégique de Bulow, et la relation historique de Lloyd traduite par Roux-Fazillac, m'étant tombés alors entre les mains, me déterminèrent à suivre un autre plan. Mon premier essai était un traité didactique sur les ordres de bataille, les marches stratégiques, et les lignes d'opérations; il était aride de sa nature et tout coupé de citations historiques qui, groupées par espèces, avaient l'inconvénient de présenter ensemble, dans un même chapitre, des événements souvent séparés par un siècle entier; Lloyd surtout me convainquit que la relation critique et raisonnée de toute une guerre avait l'avantage de conserver de la suite et de l'unité dans le récit et dans les événements, sans nuire à l'exposition des maximes, puisqu'une série

répétition des maximes de l'Archiduc et des miennes, avec d'autres développements d'application.

Bien que plusieurs de ces auteurs aient combattu mon chapitre des lignes d'opérations centrales avec plus de subtilité que de succès réel, et que d'autres aient été parfois trop compassés dans leurs calculs, on ne saurait refuser à leurs écrits les témoignages d'estime qu'ils méritent, car tous contiennent plus ou moins des vues excellentes.

En Russie, le général Okounief traita l'article important de l'emploi combiné ou partiel des trois armes, qui fait la base de la théorie des combats, et il rendit par là un service réel aux jeunes officiers.

En France, Gay-Vernon, Jacquinot de Presle et Rocquancourt, publièrent des cours qui ne manquaient pas de mérite.

Dans ces entrefaites, je m'étais assuré par ma propre expérience qu'il manquait, à mon premier traité, un recueil de maximes pareil à celui qui précède l'ouvrage de l'Archiduc; ce qui m'engagea à publier, en 1829, la première esquisse de ce Tableau analytique, en y ajoutant deux articles intéressants sur la politique militaire des états.

Je profitai de cette occasion pour défendre les principes de mon chapitre sur les lignes d'opérations que plusieurs écrivains avaient mal saisi, et cette polémique amena du moins des définitions plus rationnelles, tout en maintenant les avantages réels des opérations centrales.

Un an après la publication de ce Tableau analytique,

le général prussien de Clausewitz mourut, en laissant à
sa veuve le soin de publier des œuvres posthumes qu'on
a présentées comme des ébauches non achevées. Cet
ouvrage fit grande sensation en Allemagne, et pour ma
part je regrette qu'il ait été écrit avant que l'auteur
connût mon Précis de l'art de la guerre, persuadé qu'il
lui eût rendu quelque justice.

On ne saurait contester au général Clausewitz une
grande instruction, et une plume facile; mais cette
plume, parfois un peu vagabonde, est surtout trop
prétentieuse pour une discussion didactique, dont la
simplicité et la clarté doivent être le premier mérite.
Outre cela, l'auteur se montre par trop sceptique en fait
de science militaire : son premier volume n'est qu'une
déclamation contre toute théorie de guerre, tandis que
les deux volumes suivants, pleins de maximes théori-
ques, prouvent que l'auteur croit à l'efficacité de ses
doctrines, s'il ne croit pas à celles des autres.

Quant à moi, je l'avoue, je n'ai su trouver dans ce
savant labyrinthe qu'un petit nombre d'idées lumi-
neuses et d'articles remarquables; et loin d'avoir partagé le scepticisme de l'auteur, aucun ouvrage n'aurait
contribué plus que le sien à me faire sentir la nécessité
et l'utilité des bonnes théories, si j'avais jamais pu les
révoquer en doute : il importe seulement de bien s'entendre sur les limites qu'on doit leur assigner pour ne
pas tomber dans un pédantisme pire que l'ignorance (*);

---

(*) Un homme ignorant, doué d'un génie naturel, peut faire de grandes
choses; mais le même homme, bourré de fausses doctrines étudiées à l'école,

il faut surtout bien distinguer la différence qui existe *entre une théorie de principes et une théorie de systèmes.*

On objectera peut-être que, dans la plupart des articles de ce Précis, je reconnais moi-même qu'il y a peu de règles absolues à donner sur les divers objets dont ils traitent : je conviens de bonne foi de cette vérité, mais cela veut-il dire qu'il n'y ait pas de théorie? Si sur 45 articles les uns ont dix maximes positives, les autres une ou deux seulement, n'est-ce pas assez de 150 à 200 règles pour formuler un corps fort respectable de doctrines stratégiques ou tactiques? Et si à celles-là vous ajoutez la multitude de préceptes qui souffrent plus ou moins d'exceptions, n'aurez-vous pas plus de dogmes qu'il n'en faut pour fixer vos opinions sur toutes les opérations de la guerre?

A la même époque où Clausewitz semblait ainsi s'appliquer à saper les bases de la science, un ouvrage d'une nature tout opposée paraissait en France, c'est celui du marquis de Ternay, émigré Français au service d'Angleterre. Ce livre est sans contredit le plus complet qui existe sur la tactique des batailles, et s'il tombe quelquefois dans un excès contraire à celui du général prussien, en formulant en doctrines des détails d'exécution souvent inexécutables à la guerre, on ne peut lui refuser un mérite vraiment remarquable, et un des premiers rangs parmi les tacticiens.

Je n'ai fait mention, dans cette esquisse, que des traités

_____

et farci de systèmes pédantesques, ne fera rien de bon, à moins qu'il n'oublie ce qu'il avait appris.

généraux et non des ouvrages particuliers sur les armes spéciales. Les œuvres de Montalembert, de Saint-Paul, de Bousmard, de Carnot, d'Aster, de Blesson, ont fait faire des progrès à l'art des siéges et de la fortification. Les écrits de Laroche-Aymon, Muller et Bismarck ont aussi éclairé maintes questions sur la cavalerie. Dans un journal dont je n'ai eu malheureusement connaissance que six ans après sa publication, le dernier a cru devoir attaquer moi et mes œuvres, parce que j'avais dit, trop légèrement peut-être, mais sur la foi d'un illustre général, que les Prussiens lui reprochaient d'avoir copié, dans sa dernière brochure, l'instruction inédite du gouvernement à ses généraux de cavalerie. En blâmant mes œuvres, le général Bismarck a usé de son droit, non-seulement à titre de représailles, mais parce que tout livre est fait pour être jugé et controversé. Cependant au lieu de prouver l'injustice de ce reproche et d'articuler un seul grief, il a trouvé plus simple de riposter par des injures, auxquelles un militaire ne répliquera jamais dans des livres, qui doivent avoir une autre destination que de recueillir des personnalités. Ceux qui compareront la présente notice aux ridicules prétentions que me prête le général Bismarck jugeront entre nous.

Il est assez extraordinaire de m'accuser d'avoir dit que l'art de la guerre n'existait pas avant moi, tandis que dans le chapitre de Principes publié en 1807, dont j'ai parlé ci-dessus, et qui eut un certain succès dans le monde militaire, la première phrase commençait par ces mots : « *L'art de la guerre a existé de temps immémorial....* » Ce que j'ai dit, c'est qu'il n'y avait pas de livres qui proclamassent l'existence des principes généraux, et en fissent l'application, par la stratégie, à toutes les combinaisons d'un théâtre de la guerre : j'ai dit que j'avais le premier tenté cette démonstration, et que d'autres l'ont perfectionnée dix ans après moi, sans cependant la rendre encore complète. Ceux qui nieraient cette vérité ne seraient pas de bonne foi.

Du reste, je n'ai jamais sali ma plume en attaquant personnellement les hommes studieux qui se dévouent pour la science, et si je n'ai pas partagé leurs dogmes, je l'ai exprimé avec modération et impartialité, il serait à désirer qu'on en agît toujours de la sorte. Revenons à notre sujet.

L'artillerie, depuis Gribeauval et d'Urtubie, a eu son aide-mémoire, et une foule d'ouvrages particuliers, au nombre desquels on distingue Decker, Paixhans, Hoyer, Ravichio et Rouvroy. Les discussions de plusieurs auteurs, entre autres celles du marquis de Chambray et du général Okounieff sur les feux de l'infanterie : enfin les dissertations d'une foule d'officiers consignées dans les intéressants journaux militaires de Vienne, de Berlin, de Munich, de Stuttgard et de Paris, ont contribué également aux progrès successifs des parties qu'ils ont discutées (*).

Quelques essais ont été tentés aussi pour une histoire de l'art depuis les anciens jusqu'à nos jours.

---

(*) Au nombre des rédacteurs de ces écrits, on doit signaler MM. Scheel, Wagner et Proketsch comme ayant contribué à la juste réputation du Journal militaire autrichien.

Tranchant-Laverne l'a fait avec esprit et sagacité, mais incomplètement. Carion-Nisas, trop verbeux pour les anciens, médiocre pour l'époque de la renaissance jusqu'à celle de la guerre de sept ans, a complètement échoué sur le système moderne. Rocquancourt a traité les mêmes sujets avec plus de succès. Le major prussien Ciriaci et son continuateur ont fait mieux encore. Enfin le capitaine Blanch, officier napolitain, a fait une analyse intéressante des différentes périodes de l'art écrit et de l'art pratiqué.

D'après cette nombreuse nomenclature des écrivains modernes, on jugera que le maréchal de Saxe, s'il revenait parmi nous, serait fort surpris de la richesse actuelle de notre littérature militaire, et il ne se plaindrait plus des ténèbres qui couvrent la science. Désormais les bons livres ne manqueront pas à ceux qui voudront étudier, car aujourd'hui on a des principes, tandis qu'on n'avait au xviiie siècle que des méthodes ou des systèmes.

Cependant, il faut en convenir, pour rendre la théorie aussi complète que possible, il manque un ouvrage important, qui selon toute apparence manquera encore long-temps; ce serait un examen bien approfondi des quatre différents systèmes suivis depuis un siècle : celui de la guerre de sept ans; celui des premières campagnes de la révolution; celui des grandes invasions de Napoléon; enfin celui de Wellington. De cet examen comparé, il faudrait déduire un système mixte, propre aux guerres régulières, qui participât des méthodes de Frédéric et de celles de Napoléon; ou pour

mieux dire, il faudrait développer un double système
pour les guerres ordinaires de puissance à puissance et
pour les grandes invasions. J'ai esquissé un aperçu de
cet important travail dans l'art. 24, chapitre III; mais
comme le sujet exigerait des volumes entiers, j'ai dû
me borner à indiquer la tâche à celui qui se sentira le
courage et le loisir de la bien remplir, et qui serait en
même temps assez heureux pour trouver la justification
de ces doctrines mixtes, dans de nouveaux événements
qui lui serviraient de preuves.

En attendant, je terminerai cette esquisse rapide par
une profession de foi sur les polémiques dont ce Tableau
et mon premier Traité ont été le sujet. En pesant tout
ce qui a été dit pour ou contre, en mettant en parallèle
les immenses progrès faits dans la science depuis trente
ans, avec l'incrédulité de M. Clausewitz, je crois être
en droit de conclure que l'ensemble de mes principes
et des maximes qui en dérivent a été mal saisi par plusieurs écrivains; que les uns en ont fait l'application la
plus erronée; que d'autres en ont tiré des conséquences exagérées qui n'ont jamais pu entrer dans ma tête,
car un officier général, après avoir assisté à douze campagnes, *doit savoir que la guerre est un grand drame,
dans lequel mille causes morales ou physiques agissent
plus ou moins fortement, et qu'on ne saurait réduire à
des calculs mathématiques.*

. Mais je dois également l'avouer sans détour, vingt
ans d'expérience n'ont fait que me fortifier dans les
convictions ci-après :

« Il existe un petit nombre de principes fondamentaux de la guerre, dont on ne saurait s'écarter sans danger, et dont l'application au contraire a été presque en tout temps couronnée par le succès.

« Les maximes d'application dérivant de ces principes sont aussi en petit nombre, et, si elles se trouvent quelquefois modifiées selon les circonstances, elles peuvent néanmoins servir en général de boussole à un chef d'armée pour le guider dans la tâche, toujours difficile et compliquée, de conduire de grandes opérations au milieu du fracas et du tumulte des combats.

« Le génie naturel saura sans doute, par des inspirations heureuses, appliquer les principes aussi bien que pourrait le faire la théorie la plus étudiée; mais une théorie simple, dégagée de tout pédantisme, remontant aux causes sans donner de systèmes absolus, basée en un mot sur quelques maximes fondamentales, suppléera souvent au génie, et servira même à étendre son développement en augmentant sa confiance dans ses propres inspirations.

« De toutes les théories sur l'art de la guerre, la seule raisonnable est celle qui, fondée sur l'étude de l'histoire militaire, admet un certain nombre de principes régulateurs, mais laisse au génie naturel la plus grande part dans la conduite générale d'une guerre, sans l'enchaîner par des règles exclusives.

« Au contraire, rien n'est plus propre à tuer le génie naturel et à faire triompher l'erreur, que ces théories pédantesques, basées sur la fausse idée que la guerre est une science positive dont toutes les opérations peuvent être réduites à des calculs infaillibles.

« Enfin les ouvrages métaphysiques et sceptiques de quelques écrivains ne réussiront pas non plus à faire croire qu'il n'existe aucune règle de guerre, car leurs écrits ne prouvent absolument rien contre des maximes appuyées sur les plus brillants faits d'armes modernes, et justifiées par les raisonnements mêmes de ceux qui croient les combattre. »

J'espère qu'après ces aveux on ne saurait m'accuser de vouloir faire de cet art une mécanique à rouages déterminés, ni de prétendre au contraire que la lecture d'un seul chapitre de principes puisse donner, au premier venu, le talent de conduire une armée. Dans tous les arts comme dans toutes les situations de la vie, *le savoir* et *le savoir-faire* sont deux choses tout-à-fait différentes, et si l'on réussit souvent par le dernier seulement, ce n'est jamais que la réunion des deux qui constitue un homme supérieur et assure un succès complet. Cependant, pour ne pas être accusé de pédantisme, je me hâte d'avouer que, par *savoir*, je n'entends point une vaste érudition; il ne s'agit pas de *savoir beaucoup*, mais de *savoir bien ;* de savoir surtout ce qui se rapporte à la mission qui nous est donnée.

Je fais des vœux pour que mes lecteurs, bien pénétrés de ces vérités, accueillent avec bienveillance ce nouveau Précis, qui aujourd'hui peut, je crois, être offert comme le livre le plus convenable à l'instruction d'un prince ou d'un homme d'état.

G. J.

Je n'avais pas cru devoir faire mention dans la notice ci-dessus, des ouvrages historiques militaires, qui ont signalé notre époque, parce qu'au fond ils n'entraient pas dans le sujet que j'avais à traiter. Cependant, comme ils ont aussi contribué aux progrès de la science, en cherchant à expliquer les causes de succès, on me permettra d'en dire quelques mots.

L'histoire purement militaire est un genre ingrat et difficile, car pour être utile aux hommes de l'art, elle exige des détails non moins arides que minutieux, mais nécessaires pour bien faire juger des positions et des mouvements. Aussi jusqu'à l'ébauche imparfaite de la guerre de sept ans que Lloyd a donnée, tous les écrivains militaires n'étaient pas sortis de l'ornière des relations officielles ou des panégyriques plus ou moins fatigants.

Les historiens militaires du xviii<sup>e</sup> siècle qui avaient tenu le premier rang, étaient : Dumont, Quincy, Bourcet, Pezay, Grimoard, Retzow et Tempelhof, le dernier surtout avait fait en quelque sorte école, bien que son ouvrage soit un peu surchargé de détails sur les marches et les campements : détails fort bons sans doute pour les jours de combat, mais fort inutiles dans l'histoire de toute une guerre, puisqu'ils se représentent presque chaque jour sous la même forme.

L'histoire purement militaire a fourni en France comme en Allemagne des écrits si nombreux depuis 1792, que la nomenclature seule formerait une brochure; je signalerai néanmoins ici les premières Campagnes de la révolution par Grimoard; celles du général

Gravert; les Mémoires de Suchet et de Saint-Cyr; les fragments de Gourgaud et de Montholon; la grande entreprise des Victoires et Conquêtes sous la direction du général Beauvais; la collection précieuse des Batailles du colonel Wagner et celle du major Kaussler. La guerre d'Espagne par Napier; celle d'Égypte par Reynier. Les campagnes de Souvoroff par Laverne, les Relations partielles de Stutterheim, etc., etc. (*).

L'histoire à la fois politique et militaire, offre plus d'attrait, mais est aussi beaucoup plus difficile à bien traiter, et se concilie difficilement avec le genre didactique; car pour ne pas tuer sa narration, on doit supprimer précisément tous ces détails qui font le mérite d'une relation de guerre.

Depuis bien des siècles l'histoire politique et militaire n'avait eu, jusqu'à la chute de Napoléon, qu'un seul ouvrage vraiment remarquable; celui de Frédéric-le-Grand intitulé : *Histoire de mon temps* (**). Ce genre qui demande à la fois un style élégant, et des connaissances vastes et profondes en histoire et en politique, exige aussi un génie militaire suffisant pour bien juger les événements. Il faudrait décrire les rapports ou les

---

(*) On pourrait citer encore les relations intéressantes de Labaume, de Saintine, de Mortonval, de Lapenne, Lenoble, Lafaille, ainsi que celles du major prussien Spath sur la Catalogne, du baron Volderndorf sur les campagnes des Bavarois, et une foule d'autres écrits de même nature.

(**) Plusieurs historiens politiques, comme Ancillon, Ségur père, Karamsin, Guichardin, Archenholz, Schiller, Daru, Michaud, Salvandy, ont raconté aussi avec talent bien des opérations de guerre, mais on ne saurait les compter au nombre des écrivains militaires.

intérêts des états comme Ancillon, et raconter les batailles comme Napoléon et Frédéric, pour produire un chef-d'œuvre dans ce genre. Si nous attendons encore ce chef-d'œuvre, il faut convenir que quelques bons ouvrages ont paru depuis 30 ans : au nombre de ceux-ci nous devons mettre la Guerre d'Espagne de Foy ; le Précis des événements militaires de Mathieu Dumas, et les Manuscrits de Fain, bien que le second manque de points de vue fermes, et que le dernier pèche par trop de partialité. Ensuite viennent les ouvrages de M. Ségur fils, écrivain plein de verve et de vues sages, qui nous a prouvé par l'Histoire de Charles VIII, qu'avec un peu plus de naturel dans le style, il pourrait enlever aux précédents la palme historique du grand siècle, qui attend encore son Polybe. Au troisième rang nous mettrons les histoires de Toulongeon et de Servan (*).

Enfin, il est un troisième genre ; celui de l'histoire critique, appliquée aux principes de l'art, et plus spécialement affectée à développer les rapports des événements avec ces principes. Feuquières et Lloyd en avaient indiqué le chemin sans avoir eu beaucoup d'imitateurs jusqu'à la révolution. Ce dernier genre, moins brillant dans ses formes, n'en est peut-être que plus utile dans ses résultats ; surtout quand la critique n'est pas poussée jusqu'à un rigorisme qui la rendrait souvent fausse et injuste.

Depuis 20 ans cette histoire, moitié didactique moitié

---

(*) Je ne parle pas de la Vie politique et militaire de Napoléon racontée par lui-même, attendu qu'on a dit que j'en étais l'auteur ; quant à celles de Norvins et de Thibaudeau, elles ne sont point militaires.

critique, a fait de plus grands progrès que les autres,
ou du moins elle a été cultivée avec plus de succès et a
produit des résultats incontestables. Les campagnes publiées par l'archiduc Charles, celles anonymes du général Muffling, les relations partielles des généraux Pelet,
Boutourlin, Clausewitz (*), Okounieff, Valentini, Ruhle;
celles de MM. de Laborde, Koch, de Chambrai : enfin les fragments publiés par MM. Wagner et Scheel,
dans les intéressants journaux de Berlin et de Vienne,
ont tous plus ou moins concouru au développement de la
science de la guerre. Peut-être me serait-il permis aussi
de revendiquer une petite part à ce résultat en faveur
de ma longue Histoire critique et militaire des guerres
de la révolution et des autres ouvrages historiques que
j'ai publiés; car, spécialement rédigés pour prouver le
triomphe permanent de l'application des principes, ces
ouvrages n'ont jamais manqué de ramener tous les faits à
ce point de vue dominant, et sous ce rapport du moins
ils ont eu quelques succès (**); j'en appelle, pour appuyer cette assertion, à la piquante analyse critique de

---

(*) Les ouvrages de Clausewitz ont été incontestablement utiles, quoique
souvent ce soit moins par les idées de l'auteur que par les idées contraires
qu'il fait naître. Ils eussent été plus utiles encore si un style prétentieux ne
les rendait pas fréquemment inintelligibles. Mais si comme auteur didactique il a plus soulevé de doutes qu'il n'a dévoilé de vérités, comme historien
critique il a été imitateur peu scrupuleux. Les personnes qui auront lu ma
campagne de 1799, publiée dix ans avant la sienne, ne nieront pas mon
assertion, car il n'est pas une de mes réflexions qu'il n'ait répétée.

(**) On a pu reprocher bien des longueurs à quelques-uns de ces volumes,
mais il est difficile de contenter tous les goûts en fait de relations militaires :
les uns veulent tous les détails possibles, et les autres n'en veulent pas. J'a-

la guerre de la succession d'Espagne, donnée par M. le capitaine Dumesnil.

Grâces à ce concours des ouvrages didactiques et de l'histoire critique, l'enseignement de la science n'est plus aussi difficile, et les professeurs qui seraient embarrassés aujourd'hui de faire de bons cours avec mille exemples pour les appuyer, seraient de tristes professeurs. Il ne faut pas en conclure néanmoins que l'art en soit arrivé au point de ne pas faire un pas de plus vers la perfection. Il n'y a rien de parfait sous le soleil!! Et si l'on rassemblait, sous la présidence de l'archiduc Charles ou de Wellington, un comité composé de toutes les notabilités stratégiques et tactiques du siècle, avec les plus habiles généraux du génie et de l'artillerie, ce comité ne parviendrait pas encore à faire une théorie parfaite, absolue et immuable, sur toutes les parties de la guerre, notamment sur la tactique!!

---

voue que séduit par l'école de Tempelhof, j'ai trop abondé dans le sens des premiers. Ces détails sont bons pour une relation de campagne isolée, mais non pour une guerre. Je me suis bien corrigé de ce défaut dans les derniers ouvrages.

# PRÉCIS

## DE

# L'ART DE LA GUERRE.

---

## DÉFINITION DE L'ART DE LA GUERRE.

L'art de la guerre, tel qu'on le conçoit généralement, se divise en cinq branches purement militaires; *la stratégie, la grande tactique, la
logistique, l'art de l'ingénieur* et *la tactique de
détail*; mais il est une partie essentielle de cette
science qu'on en a, mal à propos, exclue jusqu'à
présent, c'est la *politique de la guerre* (*). Bien

---

(*) Il n'existe, à ma connaissance, que bien peu d'ouvrages sur
cette matière : le seul même qui en porte le titre, c'est la *Politique
de la guerre*, par Hay du Châtelet (1767). On y trouve qu'une armée
voulant passer par un pont de pierres, doit le faire visiter par des
charpentiers et des architectes, et que Darius n'eût pas été vaincu

3.

que celle-ci tienne à la science de l'homme d'état
plus particulièrement qu'à celle du guerrier, depuis qu'on a imaginé de séparer la toge de l'épée,
on ne peut disconvenir toutefois que, si elle est
inutile à un général subalterne, elle est indispensable à tout général commandant en chef une
armée : elle entre dans toutes les combinaisons
qui peuvent déterminer une guerre, et dans celles
des opérations qu'on pourrait entreprendre : dès-
lors elle appartient nécessairement à la science
que nous traitons.

D'après ces considérations, il semble que l'art
de la guerre se compose réellement de six parties
bien distinctes.

La 1<sup>re</sup> est la politique de la guerre ;

La 2<sup>e</sup> est la stratégie, ou l'art de bien diriger les
masses sur le théâtre de la guerre, soit pour l'invasion d'un pays, soit pour la défense du sien ;

La 3<sup>e</sup> est la grande tactique des batailles et des
combats ;

---

si, au lieu d'opposer toutes ses forces à Alexandre, il ne l'eût combattu qu'avec la moitié ! Etonnantes maximes de politique militaire !!
Maizeroy a eu quelques idées tout aussi vagues dans ce qu'il nomme
la dialectique de la guerre. Lloyd est entré le plus avant dans la question ; mais combien son ouvrage laisse à désirer, et combien il a
reçu de démentis par les événements inouïs de 1792 à 1815 !!

La 4° est la logistique ou l'application pratique de l'art de mouvoir les armées (°);

La 5° est l'art de l'ingénieur, l'attaque et la défense des places;

La 6° est la tactique de détail.

On pourrait même y ajouter la philosophie ou la partie morale de la guerre; mais il paraît plus convenable de la réunir dans une même section avec la politique.

Nous nous proposons d'analyser les principales combinaisons des quatre premières parties, notre but n'étant point de traiter la tactique de détail, ni l'art de l'ingénieur qui fait une science à part.

Pour être un bon officier d'infanterie, de cavalerie et d'artillerie, il est inutile de connaître toutes ces parties également bien; mais pour devenir un général, ou un officier d'état-major distingué, cette connaissance est indispensable. Heureux sont ceux qui les possèdent, et les gouvernements qui savent les mettre à leur place!

_____

(°) J'expliquerai à l'article 41 les motifs qui m'avaient déterminé à parler d'abord de la logistique sous un point de vue plus secondaire; on me saura gré, j'espère, des nouveaux rapports sous lesquels je l'ai envisagée.

# CHAPITRE I.

## DE LA POLITIQUE DE LA GUERRE.

Nous donnerons ce titre aux combinaisons par lesquelles un homme d'état doit juger lorsqu'une guerre est convenable, opportune, ou même indispensable, et déterminer les diverses opérations qu'elle nécessitera pour atteindre son but.

Un état est amené à la guerre :

Pour revendiquer des droits ou pour les défendre;

Pour satisfaire à de grands intérêts publics, tels que ceux du commerce, de l'industrie et de tout ce qui concerne la prospérité des nations ;

Pour soutenir des voisins dont l'existence est nécessaire à la sûreté de l'état ou au maintien de l'équilibre politique;

Pour remplir les stipulations d'alliances offensives et défensives ;

Pour propager des doctrines, les comprimer ou les défendre;

Pour étendre son influence ou sa puissance, par des acquisitions nécessaires au salut de l'état;

Pour sauver l'indépendance nationale menacée;

Pour venger l'honneur outragé;

Par manie des conquêtes et par esprit d'invasion.

On juge que ces différentes espèces de guerre influent un peu sur la nature des opérations qu'elles exigeront pour arriver au but proposé, sur la grandeur des efforts qu'il faudra faire à cet effet, et sur l'étendue des entreprises qu'on sera à même de former.

Sans doute chacune de ces guerres pourra être offensive ou défensive; celui même qui en serait le provocateur sera peut-être prévenu et réduit à se défendre, et l'attaqué pourra prendre aussitôt l'initiative s'il a su s'y préparer. Mais il y aura encore d'autres complications provenant de la situation respective des partis.

1° On fera la guerre seul contre une autre puissance;

2° On la fera seul contre plusieurs états alliés entre eux;

3° On la fera avec un puissant allié contre un ennemi seul;

4° On sera la partie principale de la guerre, ou auxiliaire seulement ;

5° Dans ce dernier cas, on interviendra dès le début de la guerre ou au milieu d'une lutte déjà plus ou moins engagée ;

6° Le théâtre pourra être transporté sur le pays ennemi, sur un territoire allié, ou dans son propre pays ;

7° Si on fait la guerre d'invasion, elle peut être voisine ou lointaine, sage et mesurée, ou extravagante;

8° La guerre peut être nationale, soit contre nous soit contre l'ennemi ;

9° Enfin il existe des guerres civiles et religieuses également dangereuses et déplorables.

La guerre une fois décidée, sans doute il faut la faire selon les principes de l'art, mais on conviendra toutefois qu'il y aura une grande différence dans la nature des opérations qu'on entreprendra, selon les diverses chances que l'on est appelé à courir. Par exemple, deux cent mille Français, voulant soumettre l'Espagne soulevée contre eux comme un seul homme, ne manœuvreront pas comme 200 mille Français voulant marcher sur Vienne, ou toute autre capitale, pour y dicter la paix (1809); et l'on ne fera pas, aux guérillas de Mina, l'hon-

neur de les combattre comme on a combattu à Borodino (\*). Sans aller prendre des exemples si
loin, pourrait-on dire que les 200 mille Français
dont nous venons de parler dussent également
marcher sur Vienne quel que fût l'état moral des
gouvernements et des populations entre le Rhin
et l'Inn ou entre le Danube et l'Elbe. On conçoit
qu'un régiment doive toujours se battre à peu près
de même, mais il n'en est pas ainsi des généraux
en chef.

A ces différentes combinaisons, qui appartiennent plus ou moins à la politique diplomatique,
on peut en ajouter d'autres, qui n'ont de rapport
qu'à la conduite des armées. Nous donnerons à
celles-ci le nom de *politique militaire*, ou *philosophie de la guerre*, car elles n'appartiennent exclusivement ni à la diplomatie, ni à la stratégie, et
n'en sont pas moins de la plus haute importance
dans les plans d'un cabinet, comme dans ceux
d'un général d'armée. Commençons par analyser
les combinaisons qui se rapportent à la diplomatie.

---

(\*) Ceci en réponse à M. le major Proketsch, qui, malgré son érudition bien connue, a cru pouvoir soutenir que la politique de la
guerre ne saurait influer sur les opérations, et que l'on doit toujours
faire la guerre de même.

## ARTICLE PREMIER.

++++++

*Des guerres offensives pour revendiquer des droits.*

Lorsqu'un état a des droits sur un pays voisin, ce n'est pas toujours une raison pour les réclamer à main armée. Il faut consulter les convenances de l'intérêt public avant de s'y déterminer.

La guerre la plus juste sera celle qui, fondée sur des droits incontestables, offrira encore à l'état des avantages positifs, proportionnés aux sacrifices et aux chances auxquelles il s'expose. Mais il se présente malheureusement de nos jours tant de droits contestables et contestés, que la plupart des guerres, quoique fondées en apparence sur des héritages, des testaments, des mariages, ne sont plus réellement que des guerres de convenance. La question de la succession d'Espagne sous Louis XIV était la plus naturelle en droit, puisqu'elle reposait sur un testament solennel, appuyé sur des liens de famille et sur le vœu général de la nation espagnole ; néanmoins ce fut la plus contestée par toute l'Europe : elle produisit une coalition générale contre le légataire légitime.

Frédéric II, profitant d'une guerre de l'Autriche

contre la France, évoque de vieux parchemins, entre en Silésie à main armée, et s'empare de cette riche province qui double la force de la monarchie prussienne. Le succès et l'importance de cette résolution en firent un coup de maître; car, si Frédéric n'eût pas réussi, il eût été toutefois injuste de l'en blâmer; la grandeur de l'entreprise et son opportunité pouvaient excuser une telle irruption, autant qu'une irruption est excusable.

Dans une pareille guerre, il n'y a pas de règles à donner : *savoir attendre et profiter est tout.* Les opérations offensives doivent être proportionnées au but proposé. La première est naturellement celle d'occuper les provinces revendiquées; on peut ensuite pousser l'offensive selon les circonstances et les forces respectives, afin d'obtenir la cession désirée en menaçant l'adversaire chez lui; tout dépend des alliances qu'on aura su se ménager, et des moyens militaires des deux partis. L'essentiel dans une pareille offensive, c'est d'avoir un soin scrupuleux de ne pas éveiller la jalousie d'un tiers qui viendrait au secours de la puissance qu'on se propose d'attaquer. C'est à la politique à prévoir ce cas et à détourner une intervention, en donnant toutes les garanties nécessaires à ses voisins.

## ARTICLE II.

••••••

## *Des guerres défensives en politique et offensives militairement.*

Un état attaqué par son voisin, qui réclame de vieux droits sur une province, se décide rarement à la céder sans combattre, et par pure conviction de la réalité de ces droits; il préfère défendre le territoire qu'on lui demande, ce qui est toujours plus honorable et plus naturel. Mais au lieu de demeurer passivement sur la frontière en attendant son agresseur, il peut lui convenir de prendre l'initiative ou l'offensive; tout dépend alors des positions militaires réciproques.

Il y a souvent de l'avantage à faire la guerre d'invasion; il y en a souvent aussi à attendre l'ennemi chez soi. Une puissance fortement constituée chez elle, qui n'a point de motifs de divisions, ni de craintes d'une agression tierce sur son propre territoire, trouvera toujours un avantage réel à porter les hostilités sur le sol ennemi. D'abord, elle évitera le ravage de ses provinces, ensuite, elle fera la guerre aux dépens de son adversaire, puis elle mettra toutes les chances morales de son côté, en excitant l'ardeur des siens, et frappant au contraire l'ennemi de stupeur dès le début de la guerre. Cependant, sous le point de vue purement militaire, il est certain qu'une armée opérant dans son propre pays, sur un échiquier dont tous les obstacles naturels ou artificiels sont en sa faveur et en son pouvoir, où toutes ses manœuvres sont libres et secondées par le pays, par ses habitants et ses autorités, peut en espérer de grands avantages.

Ces vérités, qui semblent incontestables, sont susceptibles d'être appliquées à toute espèce de guerre; mais si les principes de la stratégie sont immuables, il n'en est pas de même des vérités de la politique de la guerre, qui subissent des modifications par l'état moral des peuples, les localités, les hommes qui sont à la tête des armées et des états. Ce sont ces nuances diverses qui ont accrédité l'erreur grossière qu'il n'y a pas de règles fixes à la guerre. Nous espérons prouver que la science militaire a des principes qu'on ne saurait violer sans être battu, lorsqu'on a affaire à un ennemi habile : c'est la partie politique et morale de la guerre qui seule offre des différences qu'on ne saurait soumettre à aucun calcul positif, mais qui sont susceptibles d'être soumises néanmoins à des cal-

culs de probabilités. Il faut donc modifier les plans
d'opérations selon les circonstances, bien que pour
exécuter ses plans, il faille rester fidèle aux principes de l'art. On conviendra, par exemple, qu'on
ne saurait combiner une guerre contre la France,
l'Autriche ou la Russie, comme une guerre contre
les Turcs, ou toute nation orientale dont les hordes
braves, mais indisciplinées, ne sont susceptibles
d'aucun ordre, d'aucune manœuvre raisonnable,
ni d'aucune tenue dans les revers.

# ARTICLE III.

••••••••

*Des guerres de convenance.*

L'invasion de la Silésie par Frédéric II fut une guerre de convenance ; celle de la succession d'Espagne également.

Il y a deux sortes de guerre de convenance, celles qu'un état puissant peut entreprendre pour se donner des limites naturelles, pour obtenir un avantage politique ou commercial extrêmement important ; celles qu'il peut faire pour diminuer la puissance d'un rival dangereux, ou empêcher son accroissement. Ces dernières rentrent, il est vrai, dans les guerres d'intervention ; il n'est pas probable qu'un état attaque seul un rival dangereux ; il ne le fera guère que par coalition, à la suite de conflits provenant de relations avec un tiers.

Toutes ces combinaisons étant du ressort de la politique plutôt que de la guerre, et les opérations militaires rentrant dans les autres catégories que nous traiterons, nous passerons sous silence le peu que l'on aurait à dire sur ce sujet.

## ARTICLE IV.

••••••••

### *Des guerres avec ou sans alliés.*

Il est naturel que toute guerre avec un allié soit préférable à une guerre sans alliés, en supposant d'ailleurs toutes les autres chances égales. Sans doute un grand état sera plus sûr de réussir que deux états moins forts qui s'allieraient contre lui; mais encore vaut-il mieux avoir le renfort d'un de ses voisins que de lutter seul; non seulement on se trouve renforcé de tout le contingent qu'il vous fournit, mais on affaiblit l'ennemi dans une proportion plus grande encore, car celui-ci n'aura pas seulement besoin d'un corps considérable pour l'opposer à ce contingent, il devra encore surveiller des portions de son territoire, qui sans cela eussent été à l'abri d'insulte. On s'assurera dans le paragraphe suivant qu'il n'y a pas de petits ennemis ni de petits alliés, qu'un grand état, tel redoutable qu'il soit, puisse impunément dédaigner : vérité que du reste l'on ne saurait mettre en doute sans dénier tous les enseignements de l'histoire.

## ARTICLE V.

........

## *Des guerres d'intervention* (').

De toutes les guerres qu'un état puisse entreprendre, la plus convenable, la plus avantageuse pour lui, est certainement la guerre d'intervention dans une lutte déjà engagée. La cause en sera facile à comprendre : un état qui intervient de la sorte, met dans la balance tout le poids de sa puissance en commun avec la puissance pour laquelle il intervient; il y entre quand il veut, et lorsque le moment est le plus opportun pour donner une action décisive aux moyens qu'il y apporte.

Il est deux sortes d'interventions; la première est celle qu'un état cherche à introduire dans les *affaires intérieures* de ses voisins; la seconde est d'intervenir à propos dans ses *relations extérieures.*

Les publicistes n'ont jamais été bien d'accord sur le droit d'intervention intérieure; nous ne disputerons pas avec eux sur le point de droit,

---

(') Cet article a été écrit en 1829.

mais nous dirons que le fait est souvent arrivé. Les
Romains durent une partie de leur grandeur à ces
interventions, et l'empire de la compagnie anglaise
dans l'Inde ne s'explique pas autrement. Les interventions intérieures ne réussissent pas toujours :
la Russie doit en partie le développement de sa
grandeur à celle que ses souverains surent apporter
dans les affaires de Pologne; l'Autriche, au contraire, faillit périr pour avoir voulu intervenir dans
les affaires intérieures de la révolution française.
Ces sortes de combinaisons ne sont pas de notre
ressort.

L'intervention dans les *relations extérieures* de
ses voisins est plus légitime, plus naturelle et plus
avantageuse peut-être. En effet, autant il est dou-
teux qu'un état ait le droit de se mêler de ce qui se
passe dans le for intérieur des autres, autant on
lui accordera le droit de s'opposer à ce que ceux-ci
portent au dehors le trouble et le désordre, qui
pourraient bientôt s'étendre jusqu'à lui.

Trois motifs peuvent engager à intervenir dans
les guerres extérieures de ses voisins : le premier,
c'est un traité d'alliance offensive et défensive qui
vous engage à soutenir un allié; le second, c'est
le maintien de ce qu'on nomme l'équilibre politique, combinaison des siècles modernes, aussi ad-

mirable qu'elle paraît simple, et qui fut néanmoins trop souvent méconnue par ceux-là même qui auraient dû en être les apôtres les plus fervents (*) ; le troisième motif, c'est de profiter d'une guerre engagée, non-seulement dans le but d'en détourner des conséquences fâcheuses, mais aussi pour en faire tourner les avantages au profit de celui qui intervient.

L'histoire offre mille exemples de puissances qui ont déchu pour avoir oublié ces vérités : « Qu'un « état décline lorsqu'il souffre l'agrandissement « démesuré d'un état rival, et qu'un état, fût-il « même du second ordre, peut devenir l'arbitre « de la balance politique lorsqu'il sait mettre à « propos un poids dans cette balance. » C'en est assez pour démontrer l'avantage des guerres d'intervention, sous le point de vue de haute politique.

Quant au point de vue militaire, il est simple qu'une armée, apparaissant en tiers dans une

---

(*) Croire à la possibilité d'un équilibre parfait, serait chose absurde. Il ne peut être question que d'une balance relative et approximative. Le principe du maintien de l'équilibre doit être la base de la politique, comme l'art de mettre en action le plus de forces possible au point décisif est le principe régulateur de la guerre. Il va sans dire que l'équilibre maritime est une portion essentielle de la balance politique européenne.

lutte déjà établie, devienne prépondérante. Son influence sera d'autant plus décisive, à proportion que sa situation géographique aura d'importance relativement aux positions des deux armées déjà en guerre. Citons un exemple. Dans l'hiver de 1807, Napoléon franchit la Vistule et s'aventura jusque sous les murs de Konigsberg, ayant l'Autriche derrière lui, et toute la masse de l'empire Russe devant lui. Si l'Autriche avait fait déboucher 100 mille hommes de la Bohême sur l'Oder, c'en eût été fait, selon les plus grandes probabilités, de la toute-puissance de Napoléon; son armée eût été trop heureuse de se faire jour pour regagner le Rhin, et tout porte à croire qu'elle n'y eût pas réussi. L'Autriche aima mieux attendre d'avoir porté son armée à 400 mille hommes; elle prit alors l'offensive deux ans après, avec cette masse formidable, et fut vaincue; tandis qu'avec 100 mille hommes engagés à propos, elle eût décidé plus sûrement et plus facilement du sort de l'Europe.

Si les interventions sont de deux natures différentes, les guerres qui en résultent sont aussi de plusieurs espèces.

1° On intervient comme auxiliaire par suite de traités antérieurs et au moyen de corps secondaires dont la force est déterminée.

2° On intervient comme partie principale pour soutenir un voisin plus faible dont on va défendre les états, ce qui transporte le théâtre de la guerre loin de vos frontières.

3° On intervient aussi comme partie principale lorsqu'on est voisin du théâtre de la guerre, ce qui suppose une coalition de plusieurs grandes puissances contre une.

4° Enfin on intervient dans une lutte déjà engagée, ou avant la déclaration de la guerre.

Lorsqu'on n'intervient qu'avec un contingent médiocre, par suite de traités stipulés, on n'est qu'un accessoire, et les opérations sont dirigées par la puissance principale. Lorsqu'on intervient par coalition et avec une armée imposante, le cas est différent.

Les chances militaires de ces guerres sont variées. L'armée russe, dans la guerre de sept ans, était au fond auxiliaire de l'Autriche et de la France; toutefois elle fut partie principale au nord jusqu'à l'occupation de la vieille Prusse par ses troupes : mais lorsque les généraux Fermor et Soltikoff conduisirent l'armée jusque dans le Brandenbourg, alors elle n'agissait plus que dans un intérêt autrichien : ces troupes, lancées loin de leur base, étaient à la merci d'une bonne ou mauvaise manœuvre de leurs alliés.

De pareilles excursions lointaines exposent à des dangers, et sont ordinairement très délicates pour le général d'armée. Les campagnes de 1799 et 1805 en fournirent de tristes preuves que nous rappellerons en traitant ces expéditions sous le rapport militaire (art. 29).

Il résulte de ces exemples, que ces interventions lointaines peuvent souvent compromettre les armées qui en sont chargées; mais en échange on a l'avantage que le pays du moins ne saurait être aussi facilement envahi, puisque le théâtre de la guerre est porté loin de ses frontières : ce qui fait le malheur du général, est ici un bien pour l'état.

Dans les guerres de cette nature, l'essentiel est *de choisir un chef d'armée à la fois politique et militaire ; de bien stipuler avec ses alliés la part que chacun doit prendre aux opérations ; enfin de déterminer un point objectif qui soit en harmonie avec les intérêts communs ;* ce fut par l'oubli de ces précautions que la plupart des coalitions échouèrent, ou luttèrent avec peine contre une puissance moins forte au total, mais plus unie.

La troisième espèce de guerre d'intervention ou d'à propos, indiquée ci-dessus, celle en un mot qui consiste à intervenir de toute sa puissance et à proximité de ses frontières, est plus favorable que les autres. C'est le cas où l'Autriche se fût trouvée en 1807, si elle avait su profiter de sa position; c'est aussi celui où elle se trouva en 1813. Voisine de la Saxe, où Napoléon venait de réunir ses forces, prenant même à revers le front d'opérations des Français sur l'Elbe, elle mettait 200 mille hommes dans la balance, avec presque certitude de succès : l'empire de l'Italie et l'influence sur l'Allemagne, perdus par quinze ans de revers, furent reconquis en deux mois. L'Autriche avait, dans cette intervention, non-seulement les chances politiques, mais encore les chances militaires en sa faveur; double résultat qui indique le plus haut degré d'avantages auquel les chefs d'un état puissent aspirer.

Le cabinet de Vienne réussit d'autant plus sûrement, que son intervention n'était pas seulement de la nature de celles mentionnées à l'article 3, c'est-à-dire assez voisine de ses frontières pour permettre le plus grand développement possible de ses forces; mais encore parce qu'il intervenait dans une lutte déjà engagée, dans laquelle il entrait de tout le poids de ses moyens et à l'instant qui lui convenait. Ce double avantage est tellement décisif que l'on a vu, non-seulement les grandes monarchies, mais même de très petits états, devenir prépondérants en sachant saisir cet à propos. Deux exemples suffiront pour le prouver. En 1552, l'électeur Maurice de Saxe osa se déclarer ouvertement contre Charles-Quint, maître de l'Espagne, de l'Italie et de l'Empire germanique, contre Charles, victorieux de François I<sup>er</sup> et pressant la France dans ses serres. Cette levée de boucliers, qui transporta la guerre jusqu'au cœur du Tyrol, arrêta le grand homme qui menaçait de tout engloutir. En 1706, le duc de Savoie, Victor-Amédée, se déclarant contre Louis XIV, change la face des affaires en Italie, et ramène l'armée française des rives de l'Adige jusqu'aux murs de Turin, où elle éprouve la sanglante catastrophe qui immortalisa le prince Eugène. Combien d'hommes d'état paraîtront petits à ceux qui ont médité sur ces deux événements et sur les hautes questions auxquelles ils se rattachent!

Nous en avons assez dit sur l'importance et les avantages de ces interventions opportunes; le nombre des exemples pourrait être multiplié à l'infini, mais cela ne saurait rien ajouter à la conviction de nos lecteurs.

## ARTICLE VI.

••••••••

### *Des guerres d'invasion par esprit de conquêtes ou autres causes.*

Il importe avant tout de remarquer qu'il y a deux espèces d'invasions bien différentes ; celles qui s'attaquent à des puissances limitrophes, et celles qui sont portées au loin, en traversant de vastes contrées dont les populations seraient plus ou moins neutres, douteuses, ou hostiles.

Les guerres d'invasion faites par esprit de conquêtes ne sont malheureusement pas toujours les plus désavantageuses : Alexandre, César, et Napoléon dans la moitié de sa carrière, ne l'ont que trop prouvé. Toutefois, ces avantages ont des limites fixées par la nature même, et qu'il faut se garder de franchir, parce qu'on tombe alors dans des extrêmes désastreux.

Cambyse en Nubie, Darius chez les Scythes, Crassus et l'empereur Julien chez les Parthes, enfin Napoléon en Russie, fournissent de sanglants témoignages de ces vérités. Il faut l'avouer néanmoins, la manie des conquêtes ne fut pas

toujours le seul mobile du dernier : sa position
personnelle et sa lutte avec l'Angleterre, le pous-
sèrent à des entreprises dont le but évident était
de sortir victorieux de cette lutte : l'amour de la
guerre et de ses hasards était manifeste chez
lui, mais il y fut encore entraîné par la nécessité
de plier sous l'Angleterre ou de triompher de
ses efforts. On dirait qu'il fut envoyé dans ce
monde pour apprendre aux généraux d'armées,
comme aux chefs des états, tout ce qu'ils doivent
éviter : ses victoires sont des leçons d'habileté,
d'activité et d'audace ; ses désastres sont des
exemples modérateurs imposés par la prudence.

La guerre d'invasion, sans motifs plausibles,
est un attentat contre l'humanité, c'est du Gengiskan ; mais lorsqu'elle peut être justifiée par un
grand intérêt et un motif louable, elle est susceptible d'excuses, si ce n'est même d'approbation.

L'invasion de l'Espagne, exécutée en 1808, et
celle qui eut lieu en 1823, diffèrent certainement
autant dans leur but que dans leurs résultats : la
première, dictée par l'esprit d'invasion et conduite
avec astuce, menaçait l'existence de la nation
espagnole, et fut fatale à son auteur ; la seconde
ne combattant que des doctrines dangereuses et
ménageant les intérêts généraux, réussit d'au-

tant mieux qu'elle trouva un point d'appui décisif dans la majorité du peuple dont elle foulait momentanément le territoire. Nous n'entreprendrons point de les juger selon le droit naturel; de pareilles questions appartiennent au droit politique d'intervention. Loin de les discuter, nous les présentons ici simplement comme preuves qu'une invasion n'est pas toujours du Gengiskan. La première que nous venons de citer contribua à la perte de Napoléon; l'autre replaça la France dans la situation relative avec l'Espagne, qu'elle n'aurait jamais dû perdre.

Adressons des vœux au ciel pour qu'il rende ces invasions aussi rares que possible; mais reconnaissons qu'un état fait mieux d'envahir ses voisins que de se laisser attaquer lui-même. Reconnaissons aussi que le moyen le plus sûr de ne pas protéger l'esprit de conquêtes et d'usurpation, c'est de savoir intervenir à propos pour lui mettre des digues.

En supposant donc une guerre d'invasion résolue, et motivée non sur l'espoir immodéré des conquêtes mais sur une saine raison d'état, il importe de mesurer cette invasion au but qu'on se propose et aux obstacles qu'on peut y rencontrer, soit du pays même, soit de ses alliés.

Une invasion contre un peuple exaspéré et prêt à tous les sacrifices, qui peut espérer d'être soutenu en hommes et en argent par un voisin puissant, est une entreprise épineuse; la guerre de Napoléon en Espagne le prouve évidemment; les guerres de la révolution de France en 1792, 1793, 1794, le démontrent mieux encore; car si cette dernière puissance fut moins prise au dépourvu que l'Espagne, elle n'eut pas non plus une grande alliance pour concourir à sa défense; elle fut assaillie par l'Europe entière et sur terre et sur mer.

Après de pareils exemples, quel intérêt pourraient avoir de sèches maximes? C'est dans l'histoire de ces grands événements qu'il faut puiser des règles de conduite.

Les invasions des Russes en Turquie présentaient, sous quelques rapports, les mêmes symptômes de résistance nationale; cependant, il faut l'avouer, les conditions en étaient différentes : la haine religieuse des Ottomans pouvait les faire courir aux armes; mais, campés au milieu d'une population grecque deux fois plus nombreuse qu'eux, les Turcs ne trouvaient pas, dans une insurrection générale, l'appui qu'ils y auraient trouvé si tout l'empire eût été musulman, ou s'ils eussent su fondre les intérêts des Grecs avec ceux des conquérants, comme la France sut faire, des Alsaciens, les meilleurs Français du royaume : dans ce cas, ils eussent été plus forts, mais il n'y aurait plus eu de fanatisme religieux.

La guerre de 1828 a prouvé que les Turcs n'étaient respectables que sur l'enceinte de leurs frontières, où se trouvaient réunies leurs milices les plus guerrières, tandis que l'intérieur tombe en ruines.

Lorsqu'une invasion n'a rien à craindre des peuples, et qu'elle s'applique à un état limitrophe, alors ce sont les lois de la stratégie qui en décident et qu'il faut surtout consulter : c'est ce qui rendit les invasions de l'Italie, de l'Autriche, de la Prusse, si promptes. Ces chances militaires seront traitées à l'article 29.

Mais lorsqu'au contraire une invasion est lointaine et doit traverser de vastes contrées pour arriver à son but, c'est à la politique bien plus qu'à la stratégie qu'il faut avoir recours pour en préparer le succès. En effet, la première condition de ce succès sera toujours l'alliance sincère et dévouée d'une puissance voisine de celle que l'on voudrait attaquer, puisqu'on trouvera, dans son concours franc et intéressé, non seulement un surcroît de forces, mais encore une base solide pour établir ses dépôts à l'avance, pour asseoir ses opérations, et se procurer enfin un refuge assuré en cas de besoin. Or, pour espérer une telle alliance, il faut que la puissance sur laquelle on veut compter ait le même intérêt que vous au succès de l'entreprise.

Si la politique est surtout décisive dans les expéditions lointaines, ce n'est pas à dire qu'elle soit sans influence même sur les invasions limitrophes, car une intervention hostile peut arrêter le cours des plus brillants succès. Les invasions de l'Autriche en 1805 et 1809 auraient probablement pris une autre tournure si la Prusse y fût intervenue : celle du Nord de l'Allemagne en 1807 dépendit également beaucoup du cabinet de Vienne. Enfin celle de la Romélie en 1829, assurée par les démarches d'une politique sage et modérée, aurait pu avoir de fâcheux résultats si l'on n'avait pas eu soin d'écarter toute chance d'intervention par ces négociations.

# ARTICLE VII.

••••••

## *Des guerres d'opinions.*

Quoique les guerres d'opinions, les luttes nationales et les guerres civiles se confondent quelquefois dans un même conflit, elles diffèrent cependant
assez entre elles pour que nous devions les traiter
séparément.

Les guerres d'opinions se présentent sous trois
faces; elles se borneront à une lutte intestine,
c'est-à-dire à la guerre civile, où elles seront à la
fois une lutte intérieure et extérieure; il peut arriver aussi, mais rarement, qu'elles se bornent à
un conflit avec l'étranger.

Les guerres d'opinions ou de doctrines entre
deux états (*) appartiennent aussi à la classe des
guerres d'intervention, car elles résulteront toujours, ou de doctrines qu'un parti voudra imposer
à ses voisins par propagande, ou de doctrines que

---

(*) Je parle ici de guerres entre deux puissances et non de
guerres intestines qui font un article à part.

l'on voudra combattre et comprimer; ce qui amène en tout cas l'intervention.

Ces guerres, soit qu'elles proviennent de dogmes religieux ou de dogmes politiques, n'en sont pas moins déplorables, car ainsi que les guerres nationales, elles excitent toujours des passions violentes qui les rendent haineuses, cruelles, terribles.

Les guerres de l'islamisme, celles des croisades, la guerre de trente ans, celles de la ligue, offrent toutes, avec plus ou moins de force, les symptômes de leur espèce. Sans doute, la religion fut quelquefois un prétexte politique ou un moyen, plutôt qu'une affaire de dogmes. Il est probable que les successeurs de Mahomet s'inquiétaient plus d'étendre leur empire, que de prêcher l'alcoran, et ce ne fut sans doute pas pour faire triompher l'église romaine, que Philippe II soutint la ligue en France. Nous accorderons même à M. Ancelot, que Louis IX, lorsqu'il fit sa croisade en Egypte, pensait plus au commerce de l'Inde qu'à conquérir le Saint-Sépulcre.

Lorsqu'il en est ainsi, le dogme n'est pas seulement le prétexte, c'est aussi quelquefois un puissant moyen, car il remplit le double but d'exciter l'ardeur des siens, et de se créer un parti. Par exemple les Suédois, dans la guerre de trente ans, et Philippe II en France, avaient dans le pays un auxiliaire plus puissant que leurs propres armées. Mais il arrive aussi que le dogme pour lequel on combat n'a que des ennemis, et alors la lutte est terrible. Ce fut le cas des luttes de l'islamisme et des croisades.

Les guerres d'opinions politiques présentent à peu près les mêmes chances de points d'appui et de résistance. On se rappelle, par exemple, qu'en 1792, on vit des sociétés d'extravagans qui pensaient réellement à promener la fameuse déclaration des droits de l'homme dans toute l'Europe, et les gouvernements, justement alarmés, ne prirent sans doute les armes que dans l'idée de repousser la lave de ce volcan dans son cratère, et de l'y étouffer. Mais le moyen n'était pas heureux, car la guerre et l'agression sont de mauvaises mesures pour arrêter un mal qui gît tout entier dans des passions exaltées par un paroxysme instantané, d'autant moins durable qu'il est plus violent. Le temps, voilà le vrai remède contre toutes les mauvaises passions, contre les doctrines anarchiques! Une nation éclairée peut subir un instant le joug d'une multitude déchaînée par des factieux, mais ces orages passent et la raison revient. Vouloir arrêter

une pareille multitude par une force étrangère,
c'est à peu près comme si l'on voulait arrêter une
mine au moment où la mèche vient d'atteindre
aux poudres et d'y causer l'explosion. N'est-il pas
plus sage de laisser partir la mine et d'en combler
ensuite l'entonnoir que de s'exposer à sauter avec
elle? (*)

Une étude approfondie de la révolution française m'a convaincu que si l'on n'avait pas menacé
les Girondins et l'Assemblée nationale par des ar-
mements, jamais ils n'auraient osé porter une
main sacrilége sur le faible mais vénérable
Louis XVI. Jamais la Gironde n'eût été écrasée
par la Montagne sans les revers de Dumouriez et
les menaces de l'invasion. Et si l'on eût laissé les
partis se heurter à leur aise, il est probable que
l'Assemblée nationale, au lieu de faire place à la
terrible Convention, fût revenue peu à peu à la
restauration des bonnes doctrines monarchiques
tempérées, selon les besoins et l'usage immémorial de la France.

Considérées sous le rapport militaire, ces guerres
sont terribles, parce que l'armée envahissante ne

_____

(*) On pense bien que je n'applique ceci qu'aux grands états.

s'attaque pas seulement aux forces militaires de l'ennemi, mais à des masses exaspérées. On peut objecter, il est vrai, que la violence d'un parti procurera précisément un appui par la création d'un parti contraire : il est incontestable que ce résultat est plus sûr encore que dans les luttes religieuses ; mais si le parti exaspéré tient toutes les ressources de la force publique, les armées, les places, les arsenaux, et s'il s'appuie sur les masses les plus nombreuses, que pourrait alors l'appui d'un parti dénué de tous ces moyens ? que purent cent mille Vendéens et cent mille fédéralistes pour la coalition en 1793 ! !

L'histoire n'offre qu'un seul exemple d'une lutte pareille à celle de la révolution française, et elle semble démontrer tout le danger de s'attaquer à une nation exaltée. Cependant la mauvaise conduite des opérations militaires a pu aussi contribuer à son résultat inespéré, et pour pouvoir déduire des maximes certaines de cette guerre, il faudrait savoir ce qui serait arrivé si, après la fuite de Dumouriez, au lieu de détruire les forteresses à coup de canon et d'en prendre possession en leur nom, les alliés, eussent écrit aux commandants de ces forteresses, qu'ils n'en voulaient ni à la France, ni à ses places, ni à sa brave armée, et qu'ils

eussent marché avec **200** mille hommes sur **Paris.**
Peut-être y eussent-ils relevé la monarchie, mais
peut-être aussi n'en seraient-ils pas revenus, à
moins qu'une force égale n'eût protégé leur retour
sur le Rhin. C'est ce qu'il serait difficile de décider,
puisque jamais l'épreuve n'en fut faite, et que tout
eût dépendu, dans ce cas, du parti qu'auraient pris
la nation et l'armée française. Le problème présente
donc deux hypothèses également graves : la campagne de 1793 ne l'a résolu que dans un sens; il serait
difficile de le résoudre dans l'autre, c'est à l'expérience seule qu'appartiennent de semblables solutions.

Quant aux règles militaires à donner pour ces
guerres, elles sont à peu près les mêmes que celles
pour les luttes nationales ; elles diffèrent cependant
dans un point capital : c'est que, dans les dernières,
on doit occuper et soumettre le pays, assiéger et
réduire ses places, détruire ses armées, subjuguer
toutes les provinces; tandis que dans les affaires d'o-
pinions il s'agit moins de soumettre le pays et de
s'occuper d'accessoires ; il faut des moyens suffisants pour aller droit au but, sans s'arrêter à aucune considération de détail, et en s'appliquant sur
toute chose à éviter ce qui pourrait alarmer la
nation sur son indépendance et sur l'intégrité de
son territoire.

La guerre faite à l'Espagne en **1823**, et dont nous avons parlé à l'article précédent, est un exemple à citer en faveur de ces vérités, en opposition à celui de la révolution française. Sans doute les conditions étaient un peu différentes, car l'armée française de **1792** était composée d'éléments plus solides que celle des radicaux de l'île de Léon. La guerre de la révolution fut à la fois guerre d'opinions, guerre nationale et guerre civile, tandis que si la première guerre d'Espagne, en **1808**, fut toute nationale, celle de **1823** fut une lutte partielle d'opinions sans nationalité, de là l'énorme différence des résultats.

L'expédition du duc d'Angoulème fut du reste bien conduite quant à l'exécution (*). Loin de s'amuser à prendre des places, son armée agit conformément aux maximes susmentionnées : après avoir poussé vivement jusqu'à l'Ebre, elle se divisa ici pour saisir dans leurs sources tous les éléments de force des ennemis, parce qu'elle savait

---

(*) Il y eut bien quelques fautes commises, sous le triple rapport politique, militaire et administratif, mais elles furent, dit-on, l'ouvrage de ces coteries qui ne manquent jamais à tous les quartiers-généraux. Du reste, l'ensemble des opérations fit honneur au général Guilleminot, qui les dirigeait sous le prince, et qui, après le peuple espagnol put revendiquer la principale part au succès.

bien que, secondée par la majorité des habitants
du pays, elle pouvait se diviser sans danger. Si elle
avait suivi les instructions du ministère, qui lui
prescrivaient de soumettre méthodiquement tout
le pays et les places situés entre les Pyrénées et
l'Ebre, afin de se baser militairement, elle aurait
peut-être manqué son but, ou du moins rendu la
lutte longue et sanglante, en soulevant l'orgueil national par l'idée d'une occupation pareille à celle
de 1807. Mais, enhardie par le bon accueil de
toutes les populations, elle comprit que c'était
une opération plus politique que militaire, et
qu'il s'agissait de mener rapidement à fin. Sa conduite, bien différente de celle des coalisés en 1793,
mérite d'être mûrie par tous ceux qui auraient de
pareilles expéditions à diriger : aussi arriva-t-elle en
moins de trois mois jusque sous les murs de Cadix.

Si ce qui se passe aujourd'hui dans la Péninsule atteste que la politique ne sut pas profiter
de ses succès et fonder un ordre de choses convenable et solide, la faute n'en fut ni à l'armée
ni à ses chefs, mais au gouvernement espagnol
qui, livré aux conseils de violents réactionnaires,
ne fut point à la hauteur de sa mission. Arbitre
entre deux grands intérêts hostiles, Ferdinand se
jeta à corps perdu dans les bras de celui des partis

qui affectait une grande vénération pour le trône,
mais qui comptait bien exploiter l'autorité royale
à son profit, sans s'inquiéter des suites pour l'a-
venir. La nation resta scindée en deux camps
ennemis, qu'il n'eût peut-être pas été impossible
de calmer et de rapprocher avec le temps. Ces
camps en sont venus de nouveau aux prises,
comme je l'avais prédit à Véronne en 1823 ; grande
leçon, dont il paraît du reste que personne n'est
disposé à profiter dans ce beau et trop malheu-
reux pays ! bien que l'histoire ne manque pas
d'exemples pour attester que les réactions violentes
ne sont pas plus que les révolutions, des éléments
propres à construire et à consolider. Dieu veuille
qu'il sorte de cet effroyable conflit, un trône fort
et respecté, également affranchi de toutes les factions, et appuyé sur une armée disciplinée, aussi
bien que sur les intérêts généraux du pays : un
trône enfin, capable de rallier cette inconcevable
nation espagnole, qui, par des qualités non moins
extraordinaires que ses défauts, fut toujours un
problème pour ceux mêmes que l'on aurait cru le
mieux en état de la juger.

## ARTICLE VIII.

........

### *Des guerres nationales.*

Les guerres nationales, dont nous avons déjà
été forcé de dire quelques mots en parlant de
celles d'invasion, sont les plus redoutables de
toutes; on ne peut donner ce nom qu'à celles qui
se font contre une population entière, ou du moins
contre la majorité de cette population animée
d'un noble feu pour son indépendance; alors
chaque pas est disputé par un combat; l'armée
qui entre dans un tel pays n'y possède que le
champ où elle campe; ses approvisionnements ne
peuvent se faire qu'à la pointe de l'épée; ses convois sont partout menacés ou enlevés.

Ce spectacle du mouvement spontané de toute
une nation se voit rarement, et s'il présente
quelque chose de grand et de généreux qui com-
mande l'admiration, les suites en sont si terribles
que, dans l'intérêt de l'humanité, on doit désirer
de ne le voir jamais (*).

---

(*) On verra plus loin qu'il ne faut pas confondre ce vœu contre
les levées en masse, avec les défenses nationales prescrites par les
institutions, et réglées par les gouvernements.

Un tel mouvement peut être produit par les causes les plus opposées : un peuple serf se lève en masse à la voix de son gouvernement, et ses maîtres mêmes lui en donnent l'exemple en se mettant à sa tête, lorsqu'ils sont animés d'un noble amour pour leur souverain et pour la patrie : de même un peuple fanatique s'arme à la voix de ses moines, et un peuple exalté par des opinions politiques, ou par l'amour sacré qu'il porte à ses institutions, se précipite au-devant de l'ennemi pour défendre ce qu'il a de plus cher.

La domination de la mer entre pour beaucoup dans les résultats d'une invasion nationale : si le peuple soulevé a une grande étendue de côtes, et s'il est maître de la mer, ou allié d'une puissance qui la domine, alors sa résistance est centuplée, non seulement par la facilité qu'on a d'alimenter le feu de l'insurrection, d'alarmer l'ennemi sur tous les points du pays qu'il occupe, mais encore par les difficultés qu'on opposera à ses approvisionnemens par la voie maritime.

La nature du pays contribue beaucoup aussi à la facilité d'une défense nationale; les pays de montagnes sont toujours ceux où un peuple est plus redoutable. Après ceux-ci viennent les pays coupés de vastes forêts.

La lutte des Suisses contre l'Autriche et contre le duc de Bourgogne ; celle des Catalans en 1712 et en 1809 ; les difficultés que les Russes éprouvent à soumettre les peuples du Caucase ; enfin les efforts réitérés des Tyroliens, démontrent assez que les peuples des montagnes ont toujours résisté plus long-temps que ceux des plaines, tant par leur caractère et leurs mœurs, que par la nature des lieux. Les défilés et les grandes forêts favorisent, aussi bien que les rochers, ce genre de défense partielle : et le Bocage de la Vendée, devenu si justement célèbre, prouve que tout pays de chicane, même s'il n'est coupé que de haies, de fossés, de canaux, présente un pareil résultat quand il est bravement défendu (*).

Les obstacles qu'une armée régulière rencontre, dans les guerres d'opinions comme dans les guerres nationales, sont immenses et rendent très difficile la mission du général chargé de la conduire. Les événements que nous venons de citer, ainsi que la lutte des Pays-Bas contre Philippe II, et celle des

---

(*) Les haies et les fossés qui séparent les propriétés dans la Vendée, sont si grands qu'ils font de chaque ferme une véritable redoute dont les habitants du pays sont seuls exercés à franchir les obstacles. Les haies et fossés ordinaires, quoique utiles, ne sauraient avoir la même importance.

Américains contre les Anglais, en fournissent des preuves évidentes : mais la lutte bien plus extraordinaire de la Vendée contre la République victorieuse; celles de l'Espagne, du Portugal et du Tyrol contre Napoléon ; enfin celles toutes palpitantes de la Morée contre les Turcs, et de la Navarre contre les forces de la reine Christine, sont des exemples plus frappans encore.

C'est surtout lorsque les populations ennemies sont appuyées d'un noyau considérable de troupes disciplinées, qu'une pareille guerre offre d'immenses difficultés (*). Vous n'avez qu'une armée, vos adversaires ont une armée et un peuple entier levé en masse ou du moins en bonne partie; un peuple faisant arme de tout, dont chaque individu conspire votre perte, dont tous les membres, même les non-combattants, prennent intérêt à votre ruine et la favorisent par tous les moyens. Vous n'occupez guère que le sol sur lequel vous campez; hors des limites de ce camp, tout vous devient hostile, et multiplie, par mille moyens, les difficultés que vous rencontrez à chaque pas.

_____

(*) Sans l'appui d'une armée régulière disciplinée, les soulèvements populaires seraient toujours facilement comprimés, ils pourraient traîner en longueur comme les débris de la Vendée, mais ils n'empêcheraient ni l'invasion ni la conquête.

Ces difficultés deviennent surtout sans mesure lorsque le pays est fortement coupé d'accidents naturels : chaque habitant armé connaît les moindres sentiers et leurs aboutissants; partout il trouve un parent, un frère, un ami, qui le seconde : les chefs connaissant de même le pays et apprenant à l'instant le moindre de vos mouvements, peuvent prendre les mesures les plus efficaces pour déjouer vos projets, tandis que, privés de tous renseignements, hors d'état de risquer des détachements d'éclaireurs pour en recevoir, n'ayant d'autre appui que dans vos baïonnettes, et de sûreté que dans la concentration de vos colonnes, vous agissez en aveugles : chacune de vos combinaisons devient une déception, et lorsqu'après les mouvements les mieux concertés, les marches les plus rapides et les plus fatigantes, vous croyez toucher au terme de vos efforts et frapper un coup de foudre, vous ne trouvez plus d'autres traces de l'ennemi que la fumée de ses bivouacs; assez semblables à Don Quichotte, vous courez ainsi contre des moulins à vent, lorsque votre adversaire se jette lui-même sur vos communications, écrase les détachements laissés pour les garder, surprend vos convois, vos dépôts, et vous fait une guerre désastreuse dans laquelle il faut nécessairement succomber à la longue.

J'ai eu par moi-même dans la guerre d'Espagne deux terribles exemples de cette nature. Lorsque le corps de Ney remplaça celui de Soult à la Corogne, j'avais cantonné les compagnies du train d'artillerie entre Betanzos et la Corogne, au milieu de quatre brigades qui en étaient distantes de 2 à 3 lieues, aucune troupe espagnole ne se montrait à 20 lieues à la ronde, Soult occupait encore Saint-Jacques de Compostelle, la division Maurice Mathieu était au Ferrol et à Lugo, celle de Marchand à la Corogne et Betanzos ; cependant une belle nuit ces compagnies du train disparurent, hommes et chevaux, sans que nous ayons jamais pu même apprendre ce qu'elles étaient devenues; un seul caporal blessé se sauva, et nous assura que c'étaient les paysans, conduits par des prêtres ou des moines, qui les avaient égorgées.

Quatre mois après le maréchal Ney marchait, avec une seule division, à la conquête des Asturies, et descendait par la vallée de la Navia, tandis que Kellermann débouchait de Léon par la route d'Oviedo. Une partie du corps de la Romana qui gardait les Asturies, fila par le revers même des hauteurs qui encaissent la vallée de la Navia, à une lieue au plus de nos colonnes, sans que le maréchal en sut un mot; au moment où celui-ci entrait à

Gijon, l'armée de la Romana vint tomber au milieu des régiments isolés de la division Marchand, qui, dispersés pour garder toute la Galice, faillirent être enlevés séparément, et ne se sauvèrent que par le prompt retour du maréchal à Lugo. La guerre d'Espagne offrit mille scènes aussi piquantes que celle-ci. Tout l'or du Mexique n'aurait pu suffire pour procurer quelques renseignements aux Français, et ceux qu'on leur donnait n'étaient que des leurres pour les faire tomber plus facilement dans des piéges.

Aucune armée, quelque aguerrie qu'elle fût, ne pourrait lutter avec succès contre un pareil système appliqué à un grand peuple, à moins qu'elle n'eût des forces tellement formidables qu'elle pût occuper fortement tous les points essentiels du pays, couvrir ses propres communications, et fournir encore des corps actifs assez considérables pour battre l'ennemi partout où il se présenterait. Mais lorsque cet ennemi a lui-même une armée régulière un peu respectable pour servir de noyau à la résistance des populations, quelles forces ne faudrait-il pas pour être à la fois supérieur partout et assurer les communications lointaines contre des corps nombreux ?

C'est particulièrement la guerre dans la Péninsule Ibérique qu'il importe de bien étudier, pour apprécier toutes les entraves qu'un général et de braves troupes peuvent rencontrer dans la conquête ou l'occupation d'un pays ainsi soulevé. Quels efforts de patience, de courage et de résignation ne fallut-il pas aux phalanges de Napoléon, de Masséna, de Soult, de Ney et de Suchet, pour tenir tête durant six années entières à 3 ou 400 mille Espagnols et Portugais armés, secondés par les armées régulières des Wellington, des Beresford, des Blake, la Romana, Cuesta, Castagnos, Reding et Ballasteros.

Les moyens de réussir dans une telle guerre sont assez difficiles : déployer d'abord une masse de forces proportionnée à la résistance et aux obstacles qu'on doit rencontrer ; calmer les passions populaires par tous les moyens possibles ; les user par le temps ; déployer un grand mélange de politique, de douceur et de sévérité, surtout une grande justice ; tels sont les premiers éléments de succès. Les exemples de Henri IV dans les guerres de la ligue, du maréchal de Berwick en Catalogne, de Suchet en Aragon et à Valence, de Hoche en Vendée, sont des modèles d'un genre différent, mais qui peuvent être employés selon les circonstances avec le même succès. L'ordre et la discipline ad-

mirables, maintenus par les armées des généraux
Diebitsch et Paskévitch dans la dernière guerre,
sont aussi des modèles à citer, et ne contribuèrent
pas peu à la réussite de leurs entreprises.

Les obstacles inouïs que présente une lutte nationale, à l'armée qui veut envahir un pays, ont
porté quelques esprits spéculatifs à désirer qu'il
n'y eût jamais d'autres guerres, parce qu'alors elles
deviendraient plus rares, et que les conquêtes devenant ainsi plus difficiles, offriraient moins
d'appât à des chefs ambitieux.

Ce raisonnement est plus spécieux que juste,
car pour en admettre les conséquences il faudrait
pouvoir toujours inspirer aux populations la volonté de courir aux armes, ensuite il faudrait être
sûr qu'il n'y aurait désormais que des guerres de
conquête, et que toutes ces guerres légitimes mais
secondaires, qui n'ont pour but que de maintenir
l'équilibre politique ou de défendre des intérêts
publics, fussent bannies à tout jamais. Autrement
quel moyen existerait-il de savoir quand et
comment il serait convenable d'exciter une guerre
nationale? Par exemple, si 100 mille Allemands
passaient le Rhin et pénétraient en France dans le
but primitif de s'opposer à la conquête de la Belgique par cette puissance, mais sans autre projet

d'ambition contre elle , faudrait-il lever en masse toute la population de l'Alsace, de la Lorraine, de la Champagne, de la Bourgogne, hommes, femmes et enfants ? faire une Saragosse de chaque petite ville murée, amener ainsi par réprésailles le meurtre, le pillage et l'incendie dans tout le pays ? Si on ne le fait pas, et que l'armée allemande occupe ces provinces à la suite de quelques succès , qui répondra qu'elle ne cherche pas alors à s'en approprier une partie , quoique dans le principe elle n'en eût pas le projet?

La difficulté de répondre à ces deux questions ainsi posées, semblerait bien militer en faveur des guerres nationales; mais n'y a-t-il pas moyen de repousser une pareille aggression sans recourir aux levées en masse et à la guerre d'extermination ? n'existe-t-il pas un milieu entre ces luttes de populations , et les anciennes guerres régulières faites uniquement par les armées permanentes? ne suffit-il pas pour bien défendre un pays, d'organiser des milices ou landwehr qui, revêtues d'uniformes et appelées par les gouvernements à intervenir dans la lutte, régleraient ainsi la part que les populations devraient prendre aux hostilités, ne les mettraient pas tout entières en dehors du droit des gens, et poseraient de justes limites à la guerre d'extermination.

Pour mon compte je répondrai affirmativement, et en appliquant ce système mixte aux questions posées ci-dessus, je garantirais que 50 mille Français de troupes régulières, appuyés des gardes nationales de l'Est, auraient bon marché de cette armée allemande qui aurait franchi les Vosges ; car réduite à 50 mille hommes par une foule de détachements, elle aurait en arrivant vers la Meuse ou dans l'Argonne plus de 100 mille hommes sur les bras. C'est précisément pour parvenir à ce juste milieu que nous avons présenté, comme une maxime indispensable, la nécessité de préparer à l'armée de bonnes réserves nationales : système qui offre l'avantage de diminuer les charges en temps de paix, et d'assurer la défense du pays en cas de guerre. Ce système n'est autre chose que celui employé par la France en 1792, imité par l'Autriche en 1809, et par l'Allemagne entière en 1813. Je ne devais pas m'attendre, d'après cela, aux attaques déplacées dont il a été l'objet.

Je résume cette discussion par affirmer que sans être un Utopien-philanthrope ni un Condottieri, on peut souhaiter que les guerres d'extermination soient bannies du code des nations, et que les défenses nationales, par les milices régularisées, puissent suffire désormais, avec de bonnes alliances politiques, pour assurer l'indépendance des états.

Comme militaire, préférant la guerre loyale et chevaleresque à l'assassinat organisé, j'avoue que s'il fallait choisir, j'aimerais toujours mieux le bon temps où les gardes françaises et anglaises s'invitaient poliment à faire feu les premières, comme cela eut lieu à Fontenoi, que l'époque effroyable où les curés, les femmes et les enfants organisaient, sur tout le sol de l'Espagne, le meurtre de soldats isolés.

Si aux yeux de M. le général R..., cette opinion est encore un blasphème, je m'en consolerai sans peine, tout en reconnaissant néanmoins qu'entre ces deux extrêmes il est un terme moyen plus convenable, qui répond à tous les besoins, et qui est précisément le système qui m'a valu tant d'injustes critiques.

## ARTICLE IX.

........

*Des guerres civiles et de religion.*

Les guerres intestines, lorsqu'elles ne sont pas liées à une querelle étrangère, sont ordinairement le résultat d'une lutte d'opinions, d'esprit de parti politique ou religieux. Dans le moyen âge, elles furent plus souvent des chocs de coteries féodales. Les guerres les plus déplorables sont sans doute celles de religion. On comprend qu'un état combatte ses propres enfants pour étouffer des factions politiques qui affaiblissent l'autorité du trône et la force nationale ; mais qu'il fasse mitrailler ses sujets pour les forcer à prier en français ou en latin, et pour reconnaître la suprématie d'un pontife étranger, voilà ce que la raison a peine à concevoir.—De tous les rois, le plus à plaindre fut sans contredit Louis XIV, chassant un million de protestans industrieux, qui avaient mis sur le trône son aïeul, protestant comme eux. Les guerres de fanatisme sont horribles lorsqu'elles sont mêlées à celles de l'extérieur, elles sont affreuses, même lorsqu'elles ne sont que des querelles de famille. L'histoire de France du temps de la Ligue, sera une leçon éternelle pour les nations et les rois : on a peine à croire que ce peuple, encore si noble et si chevaleresque sous François 1ᵉʳ, soit tombé en vingt ans dans un excès d'abrutissement aussi déplorable.

Vouloir donner des maximes pour ces sortes de guerres serait absurde ; il n'y en aurait qu'une sur laquelle les hommes sensés devraient être d'accord, c'est de réunir les deux sectes ou les deux partis pour chasser l'étranger qui voudrait se mêler de la querelle, puis de s'expliquer ensuite avec modération pour fondre les droits des deux partis dans un pacte de réconciliation. En effet, l'intervention d'une puissance tierce dans une dispute religieuse ne saurait jamais être qu'un acte d'ambition (*).

On conçoit que les gouvernements interviennent

---

(*) M. le colonel Wagner, en traduisant la première édition de mon Tableau, a trouvé mon assertion trop absolue, se fondant sur l'appui donné par Gustave-Adolphe aux protestants d'Allemagne, et par Elisabeth à ceux de France ; appui motivé selon lui par une sage politique. Peut-être a-t-il raison, car la prétention de Rome et de son église, à la domination universelle, était assez flagrante pour faire peur aux Suédois, et même aux Anglais ; mais ce n'était pas le cas avec Philippe II : d'ailleurs l'ambition a bien pu entrer aussi dans les calculs de Gustave et d'Elisabeth.

de bonne foi contre un accès de fièvre politique,
dont les dogmes peuvent menacer l'ordre social :
bien qu'ordinairement ces craintes soient exagérées et qu'elles servent souvent de prétexte, il est
possible qu'un état croie vraiment en être menacé
jusque chez lui. Mais en fait de disputes théologi-
ques, ce n'est jamais le cas, et l'intervention de
Philippe II dans les affaires de la Ligue ne pouvait avoir d'autre but que de diviser ou soumettre
la France à son influence, afin de la démembrer
peu à peu.

## ARTICLE X.

++++++

*Des guerres doubles, et du danger d'entreprendre*
*deux guerres à la fois.*

La célèbre maxime des Romains, de ne jamais entreprendre deux grandes guerres à la fois, est trop connue et trop appréciée pour qu'il faille s'efforcer d'en démontrer la sagesse.

Un état peut être contraint à faire la guerre contre deux peuples voisins; mais il faut des circonstances bien malheureuses pour que, dans ce cas, il ne trouve pas aussi un allié qui vienne à son secours, par le sentiment de sa propre conservation et du maintien de l'équilibre politique. Il est rare aussi que ces deux peuples ligués contre lui aient le même intérêt à la guerre et y engagent tous leurs moyens; or, si l'un d'eux n'est qu'auxiliaire, ce ne sera déjà plus qu'une guerre ordinaire.

Louis XIV, Frédéric-le-Grand, l'empereur Alexandre et Napoléon soutinrent des luttes gigantesques contre l'Europe coalisée. Lorsque de pareilles luttes proviennent d'agressions volontaires qu'on pourrait éviter, elles signalent une faute capitale de la part de celui qui les engage; mais si

elles proviennent de circonstances impérieuses et
inévitables, il faut du moins y remédier, en cherchant à opposer des moyens ou des alliances capables d'établir une certaine pondération des forces
respectives.

La grande coalition contre Louis XIV, motivée
ainsi que nous l'avons dit par ses projets sur l'Espagne, prit néanmoins son origine dans les précé-
dentes agressions qui avaient alarmé tous ses voisins. Il ne put opposer à l'Europe conjurée que la
fidèle alliance de l'électeur de Bavière, et celle
plus équivoque du duc de Savoie, qui ne tarda
même pas à grossir le nombre des coalisés. Frédéric soutint la guerre contre les trois plus puissantes monarchies du continent, avec le seul appui des
subsides de l'Angleterre et de 50 mille auxiliaires
de six petits états différents : mais la division et la
faiblesse de ses adversaires furent ses meilleurs
alliés.

Ces deux guerres, comme celles soutenues par
l'empereur Alexandre en 1812, étaient presque
impossibles à éviter.

La France eut toute l'Europe sur les bras en
1793, par suite des provocations extravagantes
des Jacobins de l'exaltation des deux partis, et
des utopies des Girondins qui bravaient, disaient-

ils, tous les rois de la terre en comptant sur l'appui des escadres anglaises !! Le résultat de ces absurdes calculs fut un effroyable bouleversement, dont la France se tira comme par miracle.

Napoléon est donc en quelque sorte le seul des souverains modernes qui ait entrepris volontairement deux, et même trois effroyables guerres à la fois, celles d'Espagne, d'Angleterre et de Russie; mais encore s'appuyait-il, dans la dernière, du concours de l'Autriche et de la Prusse, sans parler même de celui de Turquie et de la Suède sur lequel il compta avec trop de complaisance; en sorte que cette entreprise ne fut pas aussi aventurée de sa part qu'on l'a cru généralement d'après la tournure des affaires.

On voit par ce qui précède, qu'il y a une grande distinction à faire entre une guerre entreprise contre un seul état, à laquelle un tiers viendrait prendre part au moyen d'un corps auxiliaire, et deux guerres conduites simultanément aux extrémités les plus opposées d'un pays, contre deux nations puissantes, qui engageraient toutes leurs forces et leurs ressources pour accabler celui qui les aurait menacées. Par exemple, la double lutte de Napoléon, engagé corps à corps en 1809, avec l'Autriche et l'Espagne soutenues de l'Angleterre, était bien autrement grave pour lui, que s'il n'avait eu affaire qu'avec l'Autriche assistée d'un corps auxiliaire quelconque, fixé par des traités connus. Les luttes de cette dernière espèce rentrent dans la catégorie des guerres ordinaires.

Il faut donc conclure en général, que des guerres doubles doivent être évitées autant qu'on le peut ; et que le cas arrivant, il vaut mieux dissimuler les torts de l'un de ses voisins, jusqu'à ce que le moment opportun soit venu d'exiger le redressement des justes griefs dont on aurait à se plaindre. Toutefois cette règle ne saurait être absolue ; les forces respectives, les localités, la possibilité de trouver aussi des alliés de son côté pour établir une sorte d'équilibre entre les partis, sont autant de circonstances qui influeront sur les résolutions d'un état qui serait menacé d'une pareille guerre. Nous aurons rempli notre tâche, en signalant à la fois le danger et les remèdes qu'on peut lui opposer.

# CHAPITRE II.

## DE LA POLITIQUE MILITAIRE,

### ou

### DE LA PHILOSOPHIE DE LA GUERRE.

Nous avons déjà expliqué ce que nous entendons sous cette dénomination. Ce sont toutes les combinaisons morales qui se rattachent aux opérations des armées. Si les combinaisons politiques dont nous venons de parler sont aussi des causes morales qui influent sur la conduite de la guerre, il en est d'autres qui, sans tenir à la diplomatie, ne sont pas non plus des combinaisons de stratégie ou de tactique. On ne saurait donc leur donner une dénomination plus rationnelle que celle de politique militaire ou de philosophie de la guerre (*).

---

(*) Lloyd a bien traité ce sujet dans les 2ᵉ et 3ᵉ parties de ses Mémoires ; ses chapitres du Général et des Passions sont remarquables :

Nous nous arrêterons à la première, car bien que la véritable acception du mot de philosophie puisse s'appliquer à la guerre aussi bien qu'aux spéculations de la métaphysique, on a donné une étendue si vague à cette acception, que nous éprouvons une sorte d'embarras à réunir ces deux mots. On se rappellera donc que par *politique de la guerre* j'entends tous les rapports de la diplomatie avec la guerre, tandis que la *politique militaire* ne désigne que les combinaisons militaires d'un gouvernement ou d'un général.

La politique militaire peut embrasser toutes les combinaisons d'un projet de guerre, autres que celles de la politique diplomatique et de la stratégie; comme le nombre en est assez considérable, nous ne saurions affecter un article particulier à chacune d'elles, sans dépasser les bornes de ce tableau, et sans dévier de notre but, qui n'est point de donner un traité complet de ces matières, mais de signaler seulement leurs rapports avec les opérations militaires.

---

la 4e partie offre aussi de l'intérêt; mais il s'en faut qu'elle soit complète, et que ses points de vue soient toujours justes. Le marquis de Chambray a aussi traité ce sujet, et ne l'a pas fait sans succès, bien qu'il ait trouvé des contradicteurs; au surplus, il n'a fait que marcher sur les traces de M. Tranchant de Laverne.

En effet, on peut ranger dans cette catégorie les passions des peuples contre lesquels on va combattre ; leur système militaire ; leurs moyens de première ligne et de réserve ; les ressources de leurs finances ; l'attachement qu'ils portent à leur gouvernement ou à leurs institutions. Outre cela le caractère du chef de l'état ; celui des chefs de l'armée et leurs talents militaires ; l'influence que le cabinet ou les conseils de guerre exercent sur les opérations, du fond de la capitale ; le système de guerre qui domine dans l'état-major ennemi, la différence dans la force constitutive des armées et dans leur armement ; la géographie et la statistique militaires du pays où l'on doit pénétrer ; enfin les ressources et les obstacles de toute nature que l'on peut y rencontrer, sont autant de points importants à considérer, et qui ne sont néanmoins ni de la diplomatie, ni de la stratégie.

Il n'y a pas de règles fixes à donner sur de pareils sujets, sinon qu'un gouvernement doit ne rien négliger pour arriver à la connaissance de ces détails, et qu'il est indispensable de les prendre en considération dans les plans d'opérations qu'il se proposera. Nous allons esquisser toutefois les principaux points qui doivent guider dans ces sortes de combinaisons.

## ARTICLE XI.

.•••••••

*De la statistique et géographie militaires.*

On doit entendre, par la première de ces sciences, la connaissance aussi parfaite que possible
de tous les éléments de puissance, et de tous les
moyens de guerre de l'ennemi que l'on est appelé
à combattre : la seconde consiste dans la description topographique et stratégique du théâtre de la
guerre, avec tous les obstacles que l'art et la nature
peuvent offrir aux entreprises ; l'examen des points
décisifs permanents que présente une frontière ou
même toute l'étendue d'un pays. Non seulement le
ministère public, mais le chef de l'armée et l'état-
major doivent être initiés dans ces connaissances,
sous peine de trouver de cruels mécomptes dans
leurs calculs, comme cela arrive si souvent, même
de nos jours, malgré les progrès immenses que les
nations civilisées ont fait dans toutes les sciences
statistique, politique, géographique et topographique. J'en citerai deux exemples dont je fus témoin :
en 1796, l'armée de Moreau, pénétrant dans la
Forêt-Noire, s'attendait à trouver des montagnes

terribles, des défilés et des forêts dont l'antique
Hercinie rappelait le souvenir avec des circonstances effrayantes : on fut fort surpris après avoir
gravi les berges de ce vaste plateau qui versent sur
le Rhin, de voir que ces versans et leurs contreforts
seuls forment des montagnes, et que le pays, depuis les sources du Danube jusqu'à Donawert,
présente des plaines aussi riches que fertiles.

Le second exemple plus récent encore date de
1813; toute l'armée de Napoléon, et ce grand capitaine lui-même, regardaient l'intérieur de la
Bohême comme un pays fortement coupé de montagnes, tandis qu'il n'en existe guère de plus plat
en Europe dès qu'on a franchi la ceinture de montagnes secondaires dont il est entouré, ce qui est
l'affaire d'une marche.

Tous les militaires européens avaient à peu près
les mêmes opinions erronées sur le Balkan et sur
la force réelle des Ottomans dans leur intérieur. Il
semblait que le mot d'ordre fut donné de Constantinople pour faire regarder cette enceinte comme
une barrière presque inexpugnable, et comme le
palladium de l'empire, erreur qu'en ma qualité
d'habitant des Alpes je n'ai jamais partagé. Des
préjugés non moins enracinés portaient à croire
qu'un peuple dont tous les individus marchent

sans cesse armés , formeraient une milice redoutable et se défendraient à toute extrémité. L'expérience a prouvé que les anciennes institutions qui
plaçaient l'élite des janissaires dans les villes frontières du Danube , avaient rendu la population de
ces villes plus belliqueuse que les habitants de
l'intérieur , qui ne font la guerre qu'aux rajas dé-
sarmés : cette fantasmagorie a été appréciée à sa
juste valeur ; ce n'était qu'un rideau imposant que
rien ne soutenait , et la première enceinte forcée ,
le prestige a disparu. A la vérité les projets de ré-
forme du sultan Mahmoud avaient exigé le renver-
sement de l'ancien système sans donner le temps
d'en substituer un nouveau , en sorte que l'empire
se trouva pris au dépourvu : toutefois l'expérience
a prouvé qu'une multitude de braves gens armés
jusqu'aux dents, ne constitue par encore une bonne
armée, ni une défense nationale.

Revenons à la nécessité de bien connaître la
géographie et la statistique militaires d'un empire.
Ces sciences manquent, il est vrai, de traités élé-
mentaires et restent encore à développer. Lloyd ,
qui en a fait un essai dans la 5ᵉ partie de ses Mémoires , en décrivant les frontières des grands états
de l'Europe, n'a pas été heureux dans ses sentences
et ses prédictions : il voit des obstacles partout,

il présente entre autres comme inexpugnable la
frontière d'Autriche sur l'Inn, entre le Tyrol et
Passau, où nous avons vu Moreau et Napoléon
manœuvrer et triompher avec des armées de 150
mille hommes en 1800, 1805 et 1809. La plupart
de ses raisonnements offrent la même critique; il
a vu les choses trop matériellement.

Mais si ces sciences ne sont pas publiquement
professées, les archives des états-majors européens devraient être riches de documents précieux
pour les enseigner, du moins dans les écoles spéciales de ce corps. En attendant que quelque officier studieux profite de ces documents publiés ou
inédits pour doter le public d'une bonne géographie militaire et stratégique, on peut, grâce aux
immenses progrès que la topographie a fait de nos
jours, y suppléer en partie au moyen des excellentes cartes publiées depuis 20 ans dans tous
les pays. A l'époque où la révolution française
commença, la topographie se trouvait encore à son
enfance; excepté la carte semi-topographique de
Cassini, il n'y avait guère que les ouvrages de Ba-
kenberg qui méritassent ce nom. Les états-majors
autrichien et prussien avaient cependant déjà de
bonnes écoles qui dès lors ont porté leurs fruits : les
cartes récemment publiées à Vienne, à Berlin, à

Munich, à Stutgard, à Paris, de même que celles
de l'intéressant institut de Herder à Fribourg en
Brisgau, assurent, aux généraux à venir, des ressources immenses inconnues à leurs devanciers.

La statistique militaire n'est guère mieux connue que la géographie (*), on n'en a que des tableaux
vagues et superficiels, où l'on jette au hasard le
nombre d'hommes armés et de vaisseaux qu'un
état possède, ainsi que les revenus qu'on lui suppose, ce qui est loin de constituer entièrement
une science nécessaire pour combiner des opérations. Notre but n'est pas d'approfondir ici ces
importants objets, mais de les indiquer comme
moyens de succès dans les entreprises que l'on
voudrait former.

---

(*) Depuis que ce chapitre a été écrit, le colonel autrichien Rudtorfer
a publié, en forme de Tabelles, des esquisses fort intéressantes qui
embrasseront successivement toute la géographie militaire de l'Europe, mais qui cependant ne sont encore qu'une ébauche un peu
incomplète. La forme descriptive serait à mon avis bien préférable à
celle des tableaux, ou du moins faudrait-il se servir alternativement
de l'une et de l'autre.

# ARTICLE XII.

........

## *Des diverses autres causes qui influent sur les succès d'une guerre.*

Si les passions exaltées du peuple que l'on doit combattre sont un grand ennemi à vaincre, un général et un gouvernement doivent employer tous leurs efforts pour calmer ces passions. Nous ne saurions rien ajouter à ce que nous avons dit sur ce sujet en parlant des guerres nationales.

En échange, un général doit tout faire pour électriser ses soldats, et leur donner ce même élan qu'il lui importe de comprimer dans ses adversaires. Toutes les armées sont susceptibles du même enthousiasme; les mobiles et les moyens seuls diffèrent selon l'esprit des nations. L'éloquence militaire a fait l'objet de plus d'un ouvrage; nous ne l'indiquerons que comme un moyen. Les proclamations de Napoléon; celles du général Paskévitsch; les allocutions des anciens à leurs soldats; celles de Souwaroff à des hommes encore plus simples, sont des modèles de genres différents. L'éloquence des juntes d'Espagne et les miracles de la Madone del Pilar, ont mené aux mêmes résultats par des chemins bien opposés. En général, une cause chérie et un chef qui inspire la confiance par d'anciennes victoires, sont de grands moyens pour électriser une armée et faciliter ses succès.

Quelques militaires ont contesté les avantages de l'enthousiasme, et lui préfèrent le sang-froid imperturbable dans les combats. L'un et l'autre ont des avantages et des inconvénients qu'il est impossible de méconnaître ; l'enthousiasme porte à de plus grandes actions, la difficulté est de le soutenir constamment ; et lorsqu'une troupe exaltée se décourage, le désordre s'y introduit plus rapidement.

Le plus ou moins d'activité et d'audace dans les chefs des armées respectives, est un élément de succès ou de revers qu'on ne saurait soumettre à des règles. Un cabinet et un chef d'armée doivent prendre en considération la valeur intrinsèque des troupes et leur force constitutive comparée à celle de l'ennemi. Un général russe, commandant aux troupes les plus solidement constituées de l'Europe, peut tout entreprendre en rase campagne contre des masses indisciplinées et désordonnées, quelque braves que les individus qui les composent puissent être d'ailleurs. L'ensemble fait la force, l'ordre procure l'ensemble, la discipline amène l'ordre; sans discipline et sans ordre, point de succès possibles (*). Le même général russe, avec les mêmes troupes, ne pourra pas tout oser contre des armées européennes, ayant la même instruction et à peu de chose près la même discipline que la sienne. Enfin on peut oser devant un Mack ce qu'on n'osera pas devant un Napoléon.

L'action du cabinet sur les armées influe aussi sur l'audace des entreprises. Un général dont le génie et le bras sont enchaînés par un conseil aulique à 200 lieues du théâtre de la guerre, luttera avec désavantage contre celui qui aura toute liberté d'agir.

Quant à la supériorité d'habileté dans les généraux, on ne contestera pas qu'elle ne soit un des

---

(*) Si les troupes irrégulières ne sont rien lorsqu'elles composent seules toute l'armée, et si elles ne sauraient gagner des batailles, il faut avouer qu'appuyées de bonnes troupes elles sont un auxiliaire de la plus haute importance : lorsqu'elles sont nombreuses, elles réduisent l'ennemi au désespoir en détruisant ses convois, interceptant toutes ses communications, et le tenant comme investi dans ses camps ; elles rendent surtout les retraites désastreuses, ainsi que les Français en firent l'épreuve en 1812. (Voyez art. 45.)

gages les plus certains de la victoire, surtout lorsque toutes les autres chances seront supposées
égales. Sans doute on a vu maintes fois de grands
capitaines battus par des hommes médiocres; mais
une exception ne fait pas règle. Un ordre mal
compris, un événement fortuit, peuvent faire passer dans le camp ennemi toutes les chances de
succès qu'un habile général aurait préparées par
ses manœuvres; c'est un de ces hasards qu'on ne
saurait ni prévoir ni éviter. Serait-il juste, pour
cela, de nier l'influence des principes et de la
science dans les circonstances ordinaires? Non,
sans doute, car ce hasard même aura produit le plus
beau triomphe des principes, puisqu'ils se trouveront fortuitement appliqués par l'armée contre
laquelle on voulait les employer, et qu'elle vain-
cra par leur ascendant. Mais en se rendant à
l'évidence de ces raisons, on en inférera peut-
être qu'elles prouvent contre la science.... Cela
ne serait pas mieux fondé, puisque la science
consiste à mettre de son côté toutes les chances
possibles à prévoir, et qu'elle ne peut s'étendre
aux caprices du destin : lors même que le
nombre des batailles gagnées par d'habiles manœuvres, n'excéderait pas celui des batailles
gagnées par des accidents fortuits, cela ne prou-

verait absolument rien contre mon assertion.

Si l'habileté du général en chef est un des plus sûrs éléments de victoire, on jugera aisément que le choix des généraux est un des points les plus délicats de la science du gouvernement et une des parties les plus essentielles de la politique militaire d'un état : malheureusement ce choix est soumis à tant de petites passions, que le hasard, l'ancienneté, la faveur, l'esprit de coterie, la jalousie, y auront souvent autant de part que l'intérêt public et la justice. Cet objet est d'ailleurs si important, que nous y consacrerons un article spécial.

## ARTICLE XIII.

•••••••

### *Des institutions militaires.*

Un des points les plus importants de la politique militaire d'un état, est celui qui concerne les institutions qui régissent son armée. Une excellente armée, commandée par un homme médiocre, peut effectuer de grandes choses : une mauvaise armée, commandée par un grand capitaine, en fera peut-être autant; mais elle en ferait bien davantage encore, si elle joignait la qualité des troupes aux talents de leur chef.

Douze conditions essentielles concourent à la perfection d'une armée :

La 1ʳ c'est d'avoir un bon système de recrutement ;

La 2ᵉ, une bonne formation ;

La 3ᵉ, un système de réserves nationales bien organisé ;

La 4ᵉ, des troupes et des officiers bien instruits aux manœuvres et aux services d'intérieur et de campagne ;

La 5ᵉ, une discipline forte sans être humiliante,

et un esprit de subordination et de ponctualité, passé dans les convictions de tous les grades plus encore que dans les formalités du service;

La 6°, un système de récompenses et d'émulation bien combiné;

La 7°, des armes spéciales (génie et artillerie) ayant une instruction satisfaisante;

La 8°, un armement bien entendu et supérieur, s'il est possible, à celui de l'ennemi, en appliquant ceci non seulement aux armes offensives, mais aux armes défensives;

La 9°, un état-major général capable de bien utiliser tous ces éléments, et dont la bonne organisation réponde à l'instruction classique et pratique de ses officiers;

La 10° sera un bon système pour les approvisionnements, les hôpitaux et l'administration en général (*).

---

(*) A ces différentes conditions on peut ajouter un bon système d'habillement et d'équipement, car si ces articles intéressent moins directement les opérations du champ de bataille que l'armement, ils contribuent néanmoins à la conservation des troupes; or, à la longue, une armée solide qui conservera mieux ses anciens soldats, peut espérer une supériorité notable sur de jeunes levées sans cesse renouvelées. On a cité l'armée anglaise pour modèle dans ce genre; mais s'il est facile avec les trésors de l'Angleterre de bien pourvoir

La 11ᵉ est un bon système pour organiser le commandement des armées, et la haute direction des opérations;

La 12ᵉ consiste dans l'excitation de l'esprit militaire.

Il faut le dire, aucune de ces conditions ne saurait être négligée sans de graves inconvénients. Une belle armée bien manœuvrière, bien discipinée, mais sans conducteurs habiles et sans réserves nationales, laissa tomber la Prusse en quinze jours sous les coups de Napoléon. En échange, on a vu dans maintes circonstances, combien un état devait s'applaudir d'avoir une bonne armée : ce furent les soins et l'habileté de Philippe et d'Alexandre à former et à instruire leurs phalanges, qui rendirent ces masses si mobiles et si propres à exécuter les manœuvres les plus rapides, qualités qui permirent aux Macédoniens de subjuguer la Perse et l'Inde avec cette poignée de soldats d'élite. Ce fut l'amour excessif du père de Frédéric pour les soldats, qui procura à ce grand roi une armée capable d'exécuter toutes ses entreprises.

---

des petites armées de 50 à 60 mille hommes, la chose est plus difficile pour les puissances du continent avec leurs grandes armées.

Un gouvernement qui néglige son armée, sous quelque prétexte que ce soit, est donc un gouvernement coupable aux yeux de la postérité, puisqu'il prépare des humiliations à ses drapeaux et à son pays, au lieu de leur préparer des succès en suivant une marche contraire. Loin de nous la pensée qu'un gouvernement doive tout sacrifier à l'armée ! ce serait une absurdité. Mais elle doit faire l'objet constant de ses soins, et si le prince n'a pas lui-même une éducation militaire, il est difficile qu'il atteigne le but qu'il doit se proposer. Dans ce cas, qui malheureusement n'arrive que trop souvent, il faut y suppléer par de sages et prévoyantes institutions, à la tête desquelles on placera, sans contredit, un bon système d'état-major, un bon système de recrutement, et un bon système de réserves nationales.

Il existe à la vérité des formes de gouvernement qui ne laissent pas toujours, au chef de l'état, la faculté d'adopter les meilleurs systèmes : si les armées de la république romaine et même celles de la république française ont prouvé, aussi bien que celles de Louis XIV et de Frédéric-le-Grand, qu'une bonne organisation militaire et une sage direction des opérations pouvaient avoir lieu sous les gouvernements les plus opposés dans leurs principes, on ne saurait méconnaître toutefois que, dans les mœurs actuelles, les formes gouvernementales entrent pour beaucoup dans le développement des forces militaires d'une nation et dans la valeur réelle de ses milices.

Lorsque le contrôle des deniers publics se trouvera confié à des esprits dominés par des intérêts de localités ou de coteries, il pourra devenir méticuleux et mesquin au point d'enlever tout le nerf de la guerre au pouvoir exécutif, que, par une aberration inconcevable, bien des gens s'appliquent à traiter comme un ennemi public, au lieu de l'envisager comme le chef né de tous les intérêts nationaux. De même l'abus des libertés publiques mal comprises pourra contribuer aussi à ce déplorable résultat. Dès lors l'administration la plus prévoyante se trouverait dans l'impossibilité de se préparer d'avance à une grande guerre, soit qu'elle fût commandée par les intérêts les plus évidents du pays dans un avenir plus éloigné, soit qu'elle devînt imminente pour résister à une aggression subite de la part d'ennemis mieux préparés.

Dans le futile espoir de se rendre populaires à la masse des contribuables dont ils reçoivent leur mandat, les députés d'une chambre élective, dont la majorité ne saurait être toujours composée de

Richelieu, de Pitt, de Louvois, ne pourraient-
ils pas aussi laisser péricliter, par un système
d'économie mal entendu, les institutions nécessaires pour constituer une armée vigoureuse,
nombreuse, bien dressée à toutes les manœuvres
et fortement disciplinée? A l'aide des plus sédui-
santes utopies d'une philanthropie outrée, ne pour-
raient-ils pas parvenir à se persuader eux-mêmes,
et à persuader ensuite à leurs commettants, que
les douceurs de la paix sont toujours préférables
aux plus sages prévisions de guerre et de politique?

A Dieu ne plaise que je prétende conseiller aux
états de demeurer sans cesse l'épée au poing et
sur le pied complet de guerre; ce serait un fléau
pour le genre humain, et la chose ne serait
même possible que sous des conditions qui ne se
trouvent pas dans tous les pays : je veux dire seulement que les gouvernements éclairés doivent être
toujours prêts à bien faire la guerre d'à-propos,
tant par la sagesse de leurs institutions que par la
prévoyance de leur administration, et la perfection de leur système de politique militaire.

Si dans les temps ordinaires, sous l'empire des
formes légales et constitutionnelles, les gouvernements soumis à toutes les vicissitudes des cham-

bres électives, semblent moins propres que les
autres à fonder ou préparer une puissance militaire
redoutable, il faut avouer en échange que, dans
les cas de grandes crises, les assemblées délibérantes ont offert parfois des résultats différents,
et qu'elles ont concouru au plus grand déploiement de la force nationale. Cependant, le petit
nombre d'exemples que nous en fournit l'histoire
se réduit à quelques cas exceptionnels, dans lesquels on vit des assemblées violentes et tumul-
tueuses, placées dans la nécessité de vaincre ou
de périr, profiter d'une exaltation extraordinaire
des esprits pour sauver à la fois le pays et leur
tête au moyen des mesures les plus effroyables, et
surtout à l'aide d'un pouvoir dictatorial sans bornes
qui renversait toutes les libertés et les propriétés
sous le prétexte de les défendre : ce fut ainsi la
dictature, ou l'usurpation du pouvoir le plus absolu et le plus monstrueux, bien plus que les
formes des assemblées délibérantes, qui devint
la véritable cause de l'énergie déployée : ce qui
se passa à la Convention, après la chute de
Robespierre et du terrible Comité de salut public,
le prouve aussi bien que les Chambres de 1815.
Or, si le pouvoir dictatorial, concentré en peu de
mains, fut toujours une planche de salut dans les

grandes crises, il semble naturel d'en conclure que les pays régis par des assemblées électives doivent être politiquement et militairement moins forts que les monarchies pures, bien que sous d'autres rapports intérieurs ils offrent des avantages incontestables.

On me pardonnera de m'arrêter à cette simple indication du *pour* et du *contre*, sans rien présenter de bien concluant, car je ne saurais m'étendre davantage sur des matières aussi délicates, sans m'aventurer dans une arène qui m'est également interdite par le cadre de mon ouvrage et par ma position personnelle : il me suffit donc de les signaler à la méditation des hommes d'état qui pourraient en profiter, et d'attester ici formellement que je n'entends faire aucune allusion aux événements de nos jours, mais proclamer uniquement des vérités qui, pour être présentées sous des formes conjecturales, n'en sont pas moins des vérités de tous les temps et de tous les pays.

C'est surtout au milieu de longues paix qu'il importe de veiller à la conservation des armées, car c'est alors qu'elles peuvent plus facilement dégénérer, et qu'il importe d'y maintenir un bon esprit, et de les exercer à de grandes manœuvres, simulacres sans doute fort incomplets des guerres effectives, mais qui y préparent incontestablement les troupes. Il n'est pas moins intéressant d'empêcher celles-ci de tomber dans la mollesse, en les employant aux travaux utiles à la défense du pays.

L'isolement des troupes par régimens dans les garnisons, est un des plus mauvais systèmes que l'on puisse suivre, et la formation russe et prussienne, par divisions êt corps d'armée permanens, semble bien préférable. En général l'armée russe pourrait aujourd'hui être offerte pour modèle sous beaucoup de rapports ; et si, en bien des points, ce qui s'y pratique deviendrait inutile et impraticable ailleurs, on doit reconnaître qu'en général on pourrait lui emprunter beaucoup de bonnes institutions.

Quant aux récompenses et à l'avancement, il est essentiel de protéger l'ancienneté des services, tout en ouvrant une porte au mérite ; les trois quarts de chaque promotion devraient être selon l'ordre du tableau, et l'autre quart réservé aux hommes qui se feraient remarquer par leur mérite et leur zèle. En temps de guerre, l'ordre du tableau devrait au contraire être suspendu, ou réduit du moins au tiers des promotions, en laissant les deux autres tiers aux actions d'éclat, et aux services bien constatés.

La supériorité d'armement peut augmenter les chances de s̄  ̄s à la guerre; elle ne gagne pas seule les batailles, mais elle y contribue : chacun se rappelle combien la grande infériorité des Français en artillerie, faillit leur devenir fatale à Eylau et à Marengo. On se rappelle aussi ce que la grosse cavalerie française a gagné en adoptant la cuirasse, qu'elle a si long-temps repoussée ; chacun sait enfin de quel avantage est la lance : sans doute des lanciers en fourrageurs ne valent pas mieux que des hussards; mais chargeant en ligne, c'est bien une autre affaire : combien de milliers de braves cavaliers ont été victimes du préjugé qu'ils avaient contre la lance parce qu'elle gêne un peu plus à porter qu'un sabre.

L'armement des armées est encore susceptible de beaucoup de perfectionnements, et celle qui prendra l'initiative de ces améliorations s'assurera de grands avantages. L'artillerie laisse peu à désirer, mais les armes offensives et défensives de l'infanterie et de la cavalerie méritent l'attention d'un gouvernement prévoyant.

Les nouvelles inventions qui ont eu lieu depuis vingt ans, semblent nous menacer d'une grande révolution dans l'organisation, l'armement et même la tactique des armées. La stratégie seule restera avec ses principes, qui furent les mêmes sous les Scipions et les César, comme sous Frédéric, Pierre-le-Grand et Napoléon, car ils sont indépendants de la nature des armes et de l'organisation des troupes.

Les moyens de destruction se perfectionnent avec une progression effrayante : les fusées à la Congrève, dont les Autrichiens sont parvenus, dit-on, à régulariser l'effet et la direction ; les obusiers de Schrapnell, qui lancent des flots de mitraille à la portée du boulet ; les fusils à vapeur de Perkins, qui vomissent autant de balles qu'un bataillon, vont centupler peut-être les chances de carnage, comme si les hécatombes de l'espèce d'Eylau, de Borodino, de Leipzig et de Waterloo n'étaient pas suffisantes pour décimer les populations européennes.

Si les souverains ne se réunissent pas en congrès pour proscrire ces inventions de mort et de destruction, il ne restera d'autre parti à prendre qu'à composer la moitié des armées de cavalerie cuirassée, pour pouvoir enlever avec plus de rapidité toutes ces machines ; et l'infanterie même devra reprendre ses armures de fer du moyen âge, sans lesquelles un bataillon serait couché par terre avant d'aborder l'ennemi. Nous pourrons donc revoir la fameuse gendarmerie toute bardée de 1er, même les chevaux.

En attendant ces circonstances, encore relé- guées dans les éventualités à peine probables, il est certain que l'artillerie, et toute la pyrotechnie meurtrière, ont fait des progrès qui doivent faire songer à modifier l'ordre profond dont Napoléon avait abusé. Nous reviendrons sur ce sujet dans le chapitre de la Tactique.

Résumons donc enfin en peu de mots les bases essentielles de la politique militaire qu'un gouver- nement sage doit adopter :

1° C'est de donner au prince une éducation à la fois politique et militaire; il trouvera plutôt dans ses conseils de bons administrateurs que des hommes d'état et d'épée ; il doit donc chercher à l'être lui-même ;

2° Si le prince ne conduit pas en personne ses armées, le plus important de ses devoirs et le plus cher de ses intérêts sera celui de se bien faire remplacer ; c'est-à-dire de confier la gloire de son règne et la sûreté de ses états au général le plus capable de diriger ses armées ;

3° L'armée permanente ne doit pas seulement se trouver toujours sur un pied respectable ; il faut être en mesure de la doubler au besoin par des réserves sagement préparées. Son instruction et sa discipline doivent aller d'accord avec sa bonne organisation ; enfin le système d'armement doit être perfectionné au moins à l'égal de ses voisins, si ce n'est même supérieur ;

4° Le matériel doit être également sur le meilleur pied et avoir les réserves nécessaires : les inventions et innovations utiles faites par tous les voisins, doivent être adoptées sans aucun égard pour les petitesses de l'amour-propre national ;

5° Il importe que l'étude des sciences militaires soit protégée et récompensée, aussi bien que le courage et le zèle. Les corps auxquels ces sciences sont nécessaires doivent donc être estimés et honorés. C'est le seul moyen d'y appeler de toutes parts des hommes de mérite et de génie ;

6° L'état-major général doit être employé en temps de paix aux travaux préparatoires pour toutes les éventualités de guerre possibles. Ses archives doivent se trouver pourvues de nombreux matériaux historiques pour le passé, et de tous les documents statistiques, géographiques, topographiques et stratégiques pour le présent et l'avenir. Il est donc essentiel que le chef de ce corps et une partie des officiers soient permanents dans la capitale en temps de paix, et que le dépôt de la guerre ne soit autre chose que le dépôt de l'état-major général, sauf à lui donner une section secrète pour les documents qui devraient être cachés aux officiers subalternes du corps ;

7° On doit ne rien négliger pour avoir la géographie et la statistique militaires des états voisins, afin de connaître leurs moyens matériels et moraux d'attaque et de défense ainsi que les chances stratégiques des deux partis ; on doit employer à ces travaux scientifiques les officiers distingués, et les récompenser quand ils s'en acquittent d'une manière marquante ;

8° La guerre une fois décidée, il faut arrêter sinon un plan entier d'opérations, ce qui est toujours impossible, du moins un système d'opérations dans lequel on se proposera un but, et s'assurera d'une base, ainsi que de tous les moyens matériels nécessaires pour garantir le succès de l'entreprise ;

9° Le système d'opérations doit être en rapport avec le but de la guerre, avec l'espèce d'ennemis qu'on aura à combattre, avec la nature et les ressources du pays, avec le caractère des nations et celui des chefs qui les conduisent, soit à l'armée, soit dans l'intérieur de l'état. Il doit être calculé sur les moyens matériels et moraux d'at-

taque ou de défense que les ennemis peuvent avoir
à opposer ; enfin on doit y prendre en considération les alliances probables qui peuvent survenir
pour ou contre les deux partis dans le cours de la
guerre, et qui en compliqueraient les chances ;

10° L'état des finances d'une nation ne saurait
être omis dans la nomenclature des chances de
guerre que l'on est appelé à peser. Néanmoins il
serait dangereux de lui accorder constamment
toute l'importance que Frédéric-le-Grand semble
y attacher dans l'histoire de son temps. Ce grand
roi pouvait avoir raison à une époque où les armées se recrutaient en majeure partie par enrôlement volontaire; alors le dernier écu donnait le
dernier soldat; mais si les levées nationales sont
bien organisées, l'argent n'aura plus la même
influence, du moins pour une ou deux campagnes.
Si l'Angleterre a prouvé que l'argent procurait des
soldats et des auxiliaires, la France a prouvé que
l'amour de la patrie et l'honneur donnaient également des soldats, et qu'au besoin la guerre nour-
rissait la guerre. Sans doute la France trouvait,
dans la richesse de son sol et dans l'exaltation de
ses chefs, des sources de puissance passagère
qu'on ne saurait admettre comme base générale
d'un système; mais les résultats de ses efforts

n'en furent pas moins frappants. Chaque année les nombreux échos du cabinet de Londres, et M. d'Yvernois surtout, annonçaient que la France allait succomber faute d'argent, tandis que Napoléon entassait 200 millions d'épargnes dans les caves des Tuileries, tout en acquittant régulièrement les dépenses de l'état et la solde de ses armées (*).

Une puissance qui regorgerait d'or pourrait fort mal se défendre ; l'histoire est là pour attester que les peuples les plus riches ne sont ni les plus forts ni les plus heureux. Le fer pèse au moins autant que l'or dans les balances de la force militaire. Cependant hâtons-nous d'en convenir : l'heureuse réunion de sages institutions militaires, de patriotisme, d'ordre dans les finances, de richesse intérieure et de crédit public, constituera la nation la plus forte et la plus capable de soutenir une longue guerre.

Il faudrait un volume pour discuter toutes les circonstances dans lesquelles une nation peut développer plus ou moins de puissance, soit par l'or soit par le fer, et pour déterminer les cas où l'on

(*) Il y eut un déficit à sa chute, mais il n'y en avait point en 1811 : il fut le résultat de ses désastres et des efforts inouïs qu'il fut appelé à faire.

peut espérer de nourrir la guerre par la guerre. Ce résultat ne s'obtient qu'en portant ses armées chez les autres, et tous les pays ne sont pas également de nature à fournir des ressources à un assaillant.

Nous ne saurions pousser plus loin l'investigation sur ces objets qui ne tiennent pas directement à l'art de la guerre; il suffira, pour le but que nous nous proposons, d'indiquer les rapports qu'ils ont avec un projet de guerre; c'est à l'homme d'état à saisir les modifications que les circonstances et les localités peuvent apporter dans ces rapports.

Avant de passer au chapitre de la stratégie, nous terminerons cet aperçu de la politique militaire des états, par quelques observations sur le choix des généraux en chef, sur la direction supérieure des opérations de la guerre, et sur l'esprit militaire à imprimer aux armées.

## ARTICLE XIV.

●●●●●●●

## *Du commandement des armées et de la direction supérieure des opérations.*

On a beaucoup argumenté sur l'avantage et les inconvénients qu'il y aurait pour un état à ce que le monarque marchât en personne à la tête des armées. Quoiqu'on en pense, il est certain que si le prince se sent les capacités et le génie d'un Frédéric, d'un Pierre-le-Grand ou d'un Napoléon, il se gardera bien de laisser, à ses généraux, l'honneur de faire de grandes choses qu'il pourrait faire lui-même, car ce serait manquer à sa propre gloire comme au bien du pays.

N'ayant pas la mission de débattre si les rois guerriers sont plus heureux pour les peuples que les rois pacifiques, question philanthropique étrangère à notre sujet, il faut nous borner à reconnaître, qu'à égalité de mérite et de chances, un Souverain aura toujours l'avantage sur un général qui ne serait pas lui-même chef de l'état. Sans compter qu'il n'est responsable qu'à lui seul des entreprises hardies qu'il formerait, il pourra encore beaucoup faire par la certitude qu'il aura de disposer de toutes les ressources publiques pour arriver au but qu'il se proposera. Il aura de plus le puissant véhicule des grâces, des récompenses et des punitions : tous les dévouements seront là à ses ordres pour le plus grand bien de ses entreprises; aucune jalousie ne pourra troubler l'exécution de ses projets, ou du moins cela sera fort rare et n'arrivera que loin de sa présence, sur des points secondaires.

Voilà sans doute assez de motifs pour décider un prince à se mettre lui-même à la tête de ses armées, dès qu'il aura une vocation prononcée à cet effet et que la lutte sera digne de lui. Mais si, loin d'avoir le génie de la guerre, il est d'un caractère faible et facile à circonvenir, alors sa présence à l'armée, au lieu de produire aucun bien, ouvrirait la carrière à toutes les intrigues : chacun lui offrirait ses projets, et comme il n'aurait pas l'expérience nécessaire pour juger les meilleurs, il s'abandonnerait aux conseils de ses familiers. Le général qui commanderait sous lui, gêné et contrarié dans toutes ses entreprises, serait hors d'état de rien faire de bon, lors même qu'il aurait tout le talent nécessaire pour conduire une guerre.

On objectera que le prince pourrait bien être présent à l'armée sans gêner le généralissime, en plaçant au contraire toute sa confiance en lui seul, et l'aidant de son pouvoir souverain. Dans ce cas, cette présence produirait quelque bien, mais causerait souvent de grands embarras : si l'armée était jamais tournée, coupée de ses communications, et obligée à se faire jour l'épée à la main, quels tristes résultats ne produirait pas cette position du monarque au quartier-général ?

Lorsque le prince se sentira la force de se mettre en personne à la tête de ses armées, mais sans posséder encore la confiance en lui-même nécessaire pour tout diriger de son propre mouvement, le meilleur système qu'il pourra adopter sera d'imiter précisément ce que le gouvernement prussien fit avec Blücher ; c'est-à-dire, de s'entourer de deux généraux les mieux famés pour leur capacité, l'un pris parmi les hommes d'exécution reconnus, l'autre pris parmi les chefs d'état-major instruits. Cette trinité, si elle s'accorde bien, pourra donner d'excellents résultats, ainsi que cela eut lieu à l'armée de Silésie en 1813.

Le même système conviendrait aussi dans le cas où le monarque jugerait à propos de confier le commandement à un prince de sa maison, ainsi que

cela s'est vu fréquemment depuis Louis XIV.
Souvent le prince n'était décoré que du commandement titulaire, tandis qu'on lui imposait un
conseiller qui commandait en réalité. Ce fut le cas
avec le duc d'Orléans et Marsin à la fameuse bataille de Turin, puis avec le duc de Bourgogne et
Vendôme à la bataille d'Oudenarde : je crois
même qu'il en fut ainsi à Ulm entre l'archiduc
Ferdinand et Mack.

Ce dernier mode est déplorable, car alors personne n'est responsable de fait. Chacun sait qu'à
Turin le duc d'Orléans jugea avec plus de sagacité
que le maréchal Marsin, et il fallut l'exhibition des
pleins pouvoirs secrets du roi, pour faire perdre
la bataille contre les avis du prince qui commandait. De même à Ulm, l'archiduc Ferdinand déploya plus d'habileté et de courage que Mack, qui
devait lui servir de mentor.

Si le prince a le génie et l'expérience d'un archiduc Charles, il faut lui donner le commandement avec carte blanche et avec le choix de ses
instruments. S'il n'a pas encore les mêmes titres
acquis, on peut alors l'entourer, comme Blücher,
d'un chef d'état-major instruit, et d'un conseiller
pris parmi les hommes d'exécution éprouvés.
Mais en aucun cas il ne serait sage de donner à ces

conseillers d'autre pouvoir qu'une voix consulta-
tive.

———

Nous avons dit plus haut que si le prince ne
conduit pas lui-même ses armées, le plus important de ses devoirs sera celui de se bien faire
remplacer, et c'est malheureusement ce qui n'arrive pas toujours. Sans remonter jusqu'aux temps
de l'antiquité, il suffit de se rappeler les exemples
plus récents que nous ont fourni les siècles de
Louis XIV et de Louis XV. Le mérite du prince
Eugène, mesuré d'après sa taille contrefaite,
porta le plus grand capitaine de son temps dans
les rangs ennemis; et après la mort de Louvois
on vit les Tallard, les Marsin, les Villeroi, succéder aux Turenne, aux Condé et aux Luxembourg; on vit plus tard les Soubise et les Clermont
succéder au maréchal de Saxe. Depuis les choix
musqués, faits dans les boudoirs des Pompadour
et des Dubarry, jusqu'à l'amour de Napoléon pour
les sabreurs, il y a sans doute bien des échelons
de nature diverse à parcourir, et la marge est assez
grande pour offrir, à un gouvernement tant soit
peu éclairé, tous les moyens d'arriver à des nomi-
nations rationnelles; mais en tout temps les fai-
blesses humaines signaleront leur influence ou

d'une manière ou de l'autre, et la ruse ou la sou-
plesse l'emporteront souvent sur le mérite modeste
ou timide qui attendra qu'on sache l'employer.

En mettant même à part toutes ces chances,
prises dans la nature du cœur humain, il est juste
de reconnaître à quel point les choix sont difficiles, même pour les chefs de gouvernement les
plus arc' nts à désirer le bien. D'abord pour choisir
un général habile, il faut être militaire soi-même
et en état de juger, ou bien s'en rapporter aux
jugements d'autrui, ce qui fait tomber nécessairement dans les inconvénients des coteries. L'embarras est sans doute moins grand lorsqu'on a
sous la main un général déjà illustré par maintes
victoires; mais outre que tout général n'est pas
un grand capitaine pour avoir gagné une bataille
(témoins Jourdan, Scherer, et tant d'autres), il
n'arrive pas toujours qu'un état ait un général
victorieux à sa disposition. Après de longues paix,
il pourrait arriver qu'aucun général européen
n'eût commandé en chef. Dans ce cas, il serait
difficile de savoir à quel titre on préférerait un
général à un autre : ceux qui par de longs services
de paix seront les premiers en tête du tableau
et auront le grade requis pour commander l'armée, seront-ils toujours les plus capables de le faire?

Outre cela les communications des chefs de l'état avec leurs subordonnés sont si rares et si passagères, qu'il ne faut pas s'étonner de la difficulté de mettre les hommes à leur place. La religion du prince séduite par les apparences, sera donc quelquefois surprise, et avec les sentiments les plus élevés, il pourra se tromper dans ses choix sans qu'on puisse lui en faire un reproche.

Un des moyens les plus sûrs pour éviter ce malheur, semblerait être de réaliser la belle fiction de Fenélon dans Télémaque, et de chercher le Philoclès fidèle, sincère et généreux qui, placé entre le prince et tous les aspirants au commandement, pourrait, par ses rapports plus directs avec le public, éclairer le monarque sur le choix des individus les mieux recommandés par leurs talents comme par leur caractère. Mais cet ami fidèle ne cédera-t-il jamais lui-même aux affections personnelles? Saura-t-il se défendre de préventions? Souwaroff ne fut-il pas repoussé par Potemkin à cause de son physique, et ne fallut-il pas toute l'habileté de Catherine pour faire donner un régiment à l'homme qui jeta ensuite tant d'éclat sur ses armes?

On a pensé qu'en consultant l'opinion publique ce serait le meilleur guide; rien n'est plus hasardé :

l'opinion publique n'a-t-elle pas fait un César de Dumouriez, qui n'entendait rien à la grande guerre? Eût-elle mis Bonaparte à la tête de l'armée d'Italie, alors qu'il n'était connu de personne que de deux directeurs? Cependant il faut le reconnaître, cette opinion, si elle n'est pas toujours infaillible, n'est pas non plus à dédaigner, lorsqu'elle survit surtout à de grandes crises et à l'expérience des événements.

— Les qualités les plus essentielles pour un général d'armée seront toujours : *Un grand caractère, ou courage moral qui mène aux grandes résolutions; puis le sang-froid, ou courage physique qui domine les dangers. Le savoir* n'apparaît qu'en troisième ligne, mais il sera un auxiliaire puissant, il faudrait être aveugle pour le méconnaître; au surplus, comme je l'ai déjà dit ailleurs, on ne doit pas entendre par là une vaste érudition, il faut savoir peu mais bien, et surtout se pénétrer fortement des principes régulateurs. A la suite de toutes ces qualités viendront celles du caractère personnel; un homme brave, juste, ferme, équitable, sachant estimer le mérite des autres au lieu de le jalouser, et habile à le faire servir à sa propre gloire, sera toujours un bon général, et pourra même passer pour un grand homme. Malheureu-

sement cet empressement à rendre justice au mérite n'est pas la qualité la plus commune; les esprits
médiocres sont toujours jaloux et enclins à se mal
entourer, craignant de passer dans le monde pour
être menés, et ne sachant pas comprendre que
l'homme placé de nom à la tête des armées, a toujours la gloire presque entière des succès, lors
même qu'il y aurait la moindre part.

On a souvent agité la question, si le commandement devait être donné de préférence au général
habitué par une longue expérience à conduire des
troupes, ou à des généraux sortis des états-majors
ou des armes savantes, peu habitués à manier eux-
mêmes des soldats. Il est incontestable que la
grande guerre est une science tout-à-fait à part,
et qu'on peut combiner très bien des opérations
sans avoir mené soi-même un régiment à l'ennemi; Pierre-le-Grand, Condé, Frédéric et Napoléon sont là pour le prouver. On ne saurait donc
nier qu'un homme sorti des états-majors puisse
devenir un grand capitaine aussi bien que tout
autre; mais ce ne sera pas pour avoir vieilli dans
les fonctions de quartier-maître qu'il aura la capacité du commandement suprême, ce sera parce
qu'il possède en lui-même le génie naturel de la
guerre et le caractère requis. De même, un géné-

ral sorti des rangs de l'infanterie ou de la cavalerie, sera aussi propre qu'un savant tacticien à
conduire une armée.

La question semble donc difficile à résoudre
d'une manière absolue, et ici encore les indivi-
dualités seront tout. Pour arriver à une solution
rationnelle, il faudra prendre un juste milieu et
reconnaître :

Qu'un général, sorti de l'état-major, de l'artillerie ou du génie, qui aura conduit aussi une
division ou un corps d'armée, aura, à chances
égales, une supériorité réelle sur celui qui ne
connaîtra que le service d'une arme ou d'un corps
spécial ;

Qu'un général de troupes qui aura médité de
lui-même sur la guerre, sera également propre au
commandement ;

Que le grand caractère passe avant toutes les
qualités requises pour un général en chef ;

Enfin, que la réunion d'une sage théorie avec
un grand caractère constituera le grand capitaine.

——

La difficulté d'assurer constamment de bons
choix, a fait imaginer d'y suppléer par un bon
état-major, qui, placé comme conseil des généraux, aurait une influence réelle sur les opéra-

tions. Sans doute un excellent corps d'état-major, dans lequel se perpétueraient de bonnes traditions, sera toujours une institution des plus utiles et des plus heureuses ; mais il faudra encore veiller à ce que de fausses doctrines ne s'y introduisent pas, car alors cette institution deviendrait fatale. Frédéric-le-Grand, en fondant son académie militaire de Potzdam, ne se doutait guère qu'elle aboutirait au *rechte Schulter vor*, du général Ruchel (*), et à présenter l'ordre oblique comme un talisman infaillible qui fait gagner toutes les batailles : tant il est vrai que du sublime au ridicule il n'y a souvent qu'un pas.

Outre cela, il faudra éviter avec grand soin d'exciter un conflit entre le généralissime et son chef d'état-major ; et si celui-ci doit être pris dans les notabilités de ce corps les mieux reconnues, encore faudra-t-il laisser au général le choix des individus avec lesquels il sympathisera le mieux. Imposer un chef d'état-major au généralissime, ce serait amener l'anarchie des pouvoirs ; lui laisser prendre un homme nul parmi ses clients

---

(*) Ce général crut, à la bataille de Jéna, qu'il sauverait l'armée en commandant à ses soldats d'avancer l'épaule droite pour former une ligne oblique !!!

serait plus dangereux encore; car s'il est lui-même un homme médiocre, placé par la faveur ou le hasard, son choix s'en ressentira. Le terme moyen pour éviter ces maux sera de donner, au général en chef, le choix parmi plusieurs généraux d'une capacité incontestable qu'on lui désignera, mais en lui laissant prendre celui qui lui conviendra.

———

On a imaginé aussi, dans presque toutes les armées successivement, de donner plus de solennité et de poids à la direction des opérations militaires, en réunissant souvent des conseils de guerre pour aider le généralissime de leurs avis. Sans doute si le chef de l'armée est un Soubise, un Clermont, un Mack, un homme médiocre en un mot, il pourra se trouver souvent, dans le conseil de guerre, des avis meilleurs que les siens; la majorité même pourra prendre de meilleures décisions que lui; mais quel succès peut-on attendre d'opérations conduites par d'autres que ceux qui les ont imaginées et combinées? A quoi mènera l'exécution d'un projet que le général en chef ne comprendra qu'à demi, puisqu'il ne sera pas sa propre pensée?

J'ai fait par moi-même une terrible expérience

de ce pitoyable rôle de souffleur d'un quartier-
général, et personne peut-être ne pourrait mieux
que moi l'apprécier à sa juste valeur. C'est surtout au milieu d'un conseil de guerre que ce rôle
doit être absurde, et plus le conseil sera nombreux
et composé de hautes dignités militaires, plus il
sera difficile d'y faire triompher la vérité et la
raison pour peu qu'il y ait de dissidence.

Qu'aurait fait un conseil de guerre dans lequel
Napoléon eût proposé, en qualité de conseiller, le
mouvement d'Arcole, le plan de Rivoli, la marche
par le Saint-Bernard, le mouvement d'Ulm, celui
sur Géra et Jéna? Les timides auraient trouvé ces
opérations téméraires jusqu'à la folie; d'autres y
auraient vu mille difficultés d'exécution; tous les
eussent repoussées. Si au contraire le conseil les
eût acceptées, et qu'un autre que Napoléon les
eût conduites, n'auraient-elles pas certainement
échoué?

Ainsi, selon moi c'est une déplorable ressource
que celle des conseils de guerre; elle ne peut avoir
qu'un seul côté favorable, c'est quand le conseil
sera du même avis que le général en chef. Alors
cela peut donner à celui-ci plus de confiance en ses
propres résolutions, et il aura de plus la conviction que chacun de ses lieutenants, pénétré de la

même idée que lui, fera de son mieux pour en assurer l'exécution. C'est le seul bien que puisse produire un conseil de guerre, qui d'ailleurs devra toujours être un conseil purement consultatif et rien de plus. Mais si au lieu de ce parfait accord il y a dissidence, alors un tel conseil ne peut avoir que de fâcheux résultats.

D'après ce qui précède, je crois pouvoir conclure, que la meilleure manière d'organiser le commandement d'une armée, lorsqu'on n'aura pas un grand capitaine qui ait déjà donné de nombreuses preuves, sera :

1° De confier ce commandement à un brave éprouvé, hardi dans le combat, inébranlable dans le danger ;

2° De lui donner pour chef d'état-major un homme de haute capacité, d'un caractère franc et loyal, avec lequel le généralissime vive en bonne harmonie ; la gloire est assez grande pour en céder une parcelle à un ami qui aurait concouru à préparer les succès. Ce fut ainsi que Blücher, assisté des Gneisenau et des Muffling, sut se couvrir d'une gloire que probablement il n'eût jamais acquise tout seul. Sans doute cette espèce de double commandement ne vaudra jamais celui d'un Frédéric, d'un Napoléon, d'un Souwaroff ; mais à défaut de cette unité d'un grand capitaine, c'est certainement le mode préférable.

———

Avant de terminer sur ces importantes matières, il me reste encore quelques mots à dire sur une autre manière d'influencer les opérations militaires : c'est celle des conseils de guerre établis dans la capitale près du gouvernement. Louvois dirigea long-temps de Paris, les armées de Louis XIV, et le fit avec succès. Carnot dirigea aussi de Paris les armées de la république : en 1793, il fit très bien et sauva la France : en 1794, il fit d'abord très mal, puis répara ses fautes par hasard : en 1796, il fit décidément fort mal. Mais Louvois et Carnot dirigeaient seuls les opérations sans réunir de conseil.

Le conseil aulique de guerre, établi à Vienne, eut souvent la mission de diriger les opérations des armées ; il n'y eut jamais qu'une voix en Europe sur les funestes effets qui en sont résultés : est-ce à tort ou à raison ? c'est ce que les généraux autrichiens peuvent seuls décider.

Pour ce qui me concerne, je pense que l'unique attribution que puisse avoir un tel conseil se réduit à l'adoption d'un plan général d'opérations. On sait déjà que je n'entends point par là un plan

qui tracerait toute une campagne, enchaînerait
les généraux et les ferait battre inévitablement ;
mais j'entends le plan qui doit déterminer le but
de la campagne, la nature offensive ou défensive
des opérations, puis les moyens matériels qu'il
faudra disposer d'abord pour les premières entreprises, ensuite pour les réserves, finalement pour
les levées possibles en cas d'invasion. On ne saurait nier que toutes ces choses peuvent et doivent
même être discutées dans un conseil de gouvernement, composé de généraux et de ministres ; mais
là doit se borner l'action d'un pareil conseil, car
s'il a la prétention de dire au généralissime, non
seulement de marcher à Vienne ou à Paris, mais
de lui indiquer encore la manière dont il doit manœuvrer pour y arriver, alors le pauvre général
sera certainement battu, et toute la responsabilité
de ses revers pèsera sur ceux qui, à 200 lieues
de l'ennemi, prétendent diriger une armée, qu'il
est déjà si difficile de bien diriger quand on est
sur les lieux.

## ARTICLE XV.

........

### De l'esprit militaire des nations et du moral des armées.

Un gouvernement adopterait en vain les meilleurs réglements pour organiser une armée, s'il ne s'appliquait aussi à exciter l'esprit militaire dans le pays. Si, dans la cité de Londres, on préfère le titre du plus riche caissier à la décoration militaire, cela peut aller à un pays insulaire, protégé par ses escadres innombrables; mais une nation continentale qui adopterait les mœurs de la cité de Londres ou de la bourse de Paris, serait tôt ou tard la proie de ses voisins. Ce fut à l'assemblage des vertus civiques et de l'esprit militaire, passé des institutions dans les mœurs, que les Romains furent redevables de leur grandeur : lorsqu'ils perdirent ces vertus et que, cessant de regarder le service militaire comme un honneur autant que comme un devoir, on l'abandonna à des mercenaires Goths, Hérules et Gaulois, la perte de l'empire devint inévitable. Sans doute tout ce qui peut augmenter la prospérité d'un pays ne doit être ni oublié ni méprisé ; il faut honorer même les hommes habiles et industriels qui sont les premiers instruments de cette prospérité, mais il faut toujours que ce soit subordonné aux grandes institutions qui font la force des états en encourageant les vertus mâles et héroïques. La politique et la justice seront d'accord en cela, car, quoi qu'en dise Boileau, il sera toujours plus glorieux *d'affronter le trépas sur les pas des Césars*, que de s'engraisser des misères publiques en jouant sur les vicissitudes du crédit de l'état. Malheur aux pays où le luxe du traitant et de l'agioteur insatiable d'or, sera placé au-dessus de la livrée du brave qui aura sacrifié sa vie, sa santé ou sa fortune, à la défense du pays.

Le premier moyen d'encourager l'esprit militaire, c'est d'entourer l'armée de toute la considération publique et sociale. Le second, c'est d'assurer aux services rendus à l'état la préférence dans tous les emplois administratifs qui viendraient à vaquer, ou d'exiger même un temps donné de service militaire pour certains emplois. Ce serait un sujet digne des plus sérieuses méditations, que de comparer les anciennes institutions militaires de Rome avec celles de la Russie et de la Prusse, et de les mettre ensuite en parallèle avec les doctrines des utopistes modernes qui, tonnant contre toute participation des officiers de l'armée aux autres fonctions publiques, ne veulent plus que des rhéteurs dans toutes les grandes administrations (*).

Sans doute il est beaucoup d'emplois qui exigent des études spéciales ; mais ne serait-il pas possible au militaire de se livrer, dans les nombreux loisirs de la paix, à l'étude de la carrière qu'il voudrait embrasser après avoir payé sa dette au pays dans celle des armes? Et si les places administratives étaient données de préférence aux officiers retirés du service avec le grade de capitaine au moins, ne serait-ce pas un grand stimulant pour chercher à arriver à ce grade? ne serait-ce pas aussi un stimulant pour que les officiers songeassent, dans leurs garnisons, à chercher leurs récréations ailleurs que dans les théâtres et les cafés publics?

Peut-être trouvera-t-on que cette facilité de passer du service militaire aux places de l'admi-

---

(*) Par exemple en France, au lieu d'exclure les militaires des élections, on devrait donner le droit d'électeur à tous les colonels, et celui d'éligible à tous les généraux ; les plus vénaux des députés ne seront pas les militaires.

nistration civile serait plutôt nuisible que favorable à l'esprit militaire, et que pour fortifier celui-ci il conviendrait au contraire de placer l'état de soldat tout-à-fait en dehors des autres carrières. C'est ainsi que procédaient les Mameloucks et les Janissaires dans leur origine. On achetait ces soldats à l'âge de 7 ou 8 ans, et on les élevait dans l'idée qu'ils devaient mourir sous les drapeaux. Les Anglais mêmes, ces hommes si fiers de leurs droits, contractent en devenant soldats, l'obligation de l'être toute leur vie; et le soldat russe doit l'être pour vingt-cinq ans, ce qui équivaut presque à un enrôlement éternel comme celui des Anglais.

Avec de pareilles armées, ainsi que dans celles qui se recruteraient par enrôlements volontaires, peut-être serait-il effectivement plus convenable de ne pas admettre de fusion entre les charges d'officiers militaires et les places civiles. Mais partout où le service militaire sera un devoir temporaire imposé aux populations, le cas semble différent, et les institutions romaines, qui exigeaient un service de dix ans dans les légions avant de pouvoir prétendre aux diverses fonctions publiques, paraissent bien en effet le meilleur moyen de conserver l'esprit martial, surtout à une époque où la tendance générale vers le bien-être matériel semble devenir la passion dominante des sociétés.

Quoi qu'il en soit, je pense que sous tous les régimes possibles, le but permanent d'un gouvernement sage sera de relever le service militaire afin d'entretenir l'amour de la gloire et toutes les vertus guerrières, sous peine d'encourir le blâme de la postérité et d'éprouver le sort du Bas-Empire.

———

Ce ne sera pas tout que d'inspirer l'esprit militaire aux populations, il faudra encore l'encourager dans l'armée. A quoi servirait en effet que l'uniforme fût honoré dans la cité et imposé comme un devoir civique, si l'on n'apportait pas sous les drapeaux toutes les vertus guerrières? On aurait des milices nombreuses, mais sans valeur.

L'exaltation morale d'une armée et l'esprit militaire sont deux choses bien différentes, qu'il faut avoir garde de confondre, et qui produisent néanmoins le même effet. La première est, comme on l'a dit, produite par des passions plus ou moins passagères, telles que les opinions politiques ou religieuses, un grand amour de la patrie; tandis que l'esprit militaire pouvant être inspiré par l'habileté d'un chef ou par de sages institutions, dépend moins des circonstances et doit être l'ouvrage d'un gouvernement prévoyant(*).

Que le courage soit récompensé et honoré, que les grades soient respectés, la discipline passée dans les sentiments et dans les convictions plus encore que dans les formes.

Que les corps d'officiers et les cadres en général soient convaincus que la résignation, la bravoure et le sentiment des devoirs, sont des vertus sans lesquelles il n'est pas d'armée respectable, pas de gloire possible; que tous sachent bien que la fermeté dans les revers est plus honorable que l'enthousiasme dans les succès, car il ne faut que du courage pour enlever une position, il faut de l'héroïsme pour faire une retraite difficile devant un ennemi victorieux et entreprenant, sans se laisser déconcerter et en lui opposant un front d'airain. Il est du devoir du prince de récompenser une belle retraite à l'égal de la plus belle victoire.

Endurcir les armées aux travaux et aux fatigues; ne pas les laisser chômer dans la mollesse des gar-

---

(*) Il importe surtout que cet esprit anime les cadres d'officiers et de sous-officiers; les soldats vont toujours bien quand les cadres sont bons et que la nation est brave.

nisons en temps de paix ; leur inculquer le sentiment de leur supériorité sur les ennemis, sans
néanmoins rabaisser trop ceux-ci ; inspirer l'a-
mour des grandes actions ; exciter en un mot
l'enthousiasme par des inspirations en harmonie
avec l'esprit qui domine les masses ; décorer la
valeur et punir la faiblesse ; enfin flétrir la lâ-
cheté : voilà les moyens de former un bon esprit
militaire.

Ce fut la mollesse surtout qui perdit les légions
romaines : ces redoutables soldats, qui portaient
casque, bouclier et cuirasse sous le ciel brûlant de
l'Afrique, du temps des Scipions, les trouvèrent
trop lourds sous le ciel froid de la Gaule et de la
Germanie ; alors l'Empire fut perdu.

J'ai dit qu'il ne fallait jamais trop inspirer le
mépris de ses adversaires, parce que, dans les cas
où l'on trouverait une résistance opiniâtre, le
moral du soldat pourrait en être ébranlé. Napoléon, s'adressant à Jéna au corps de Lannes, lui
vantait la cavalerie prussienne, mais promettait
qu'elle ne pourrait rien contre les baïonnettes de
ses Egyptiens.

Il faut savoir aussi prémunir les officiers, et par
eux les soldats, contre ces terreurs subites qui
s'emparent souvent des armées les plus braves,

quand elles ne sont pas retenues par le frein de la
discipline et par la conviction que l'ordre dans
une troupe est le gage de sa sûreté. Ce ne fut pas
faute de courage que cent mille Turcs se firent
battre à Péterwardin par le prince Eugène, et à
Kagoul par Roumanzoff : ce fut parce qu'une fois
repoussés dans leurs charges désordonnées, chacun d'eux se trouva livré à ses inspirations personnelles, combattant tous individuellement sans
aucun ordre dans les masses. Une troupe saisie de
panique se trouve dans le même état de démora-
lisation, parce que le désordre étant une fois introduit, tout concert et tout ensemble dans les
volontés individuelles devient impossible ; la voix
des chefs ne peut plus se faire entendre ; toute manœuvre pour rétablir le combat devient inexécutable, et alors il ne reste de salut que dans une
fuite honteuse.

Les peuples à imagination vive et ardente sont
plus sujets que les autres à ces déroutes, et ceux
du midi sont presque tous dans ce cas. Il n'y a que
de fortes institutions et des chefs habiles qui
puissent y remédier. Les Français mêmes, dont
les vertus militaires n'ont jamais été mises en
question quand ils ont été bien conduits, ont vu
souvent de ces alertes qu'il est permis de nommer

ridicules. Qui ne se rappelle l'inconvenable terreur panique dont l'infanterie du maréchal de Villars fut saisie après avoir gagné la bataille de Friedlingen (1704)? La même chose eut lieu dans l'infanterie de Napoléon après la victoire de Wagram, lorsque l'ennemi était en pleine retraite. Et, ce qui fut plus extraordinaire encore, c'est la déroute de la 97ᵉ demi-brigade au siége de Gênes, où 1,500 hommes fuyaient devant un peloton de hussards, tandis que ces mêmes hommes enlevèrent deux jours après le fort du Diamant, par un des coups de main les plus vigoureux dont l'histoire moderne fasse mention.

Il semblerait bien facile néanmoins de convaincre de braves soldats, que la mort frappe plus vite et plus sûrement des hommes fuyant en désordre, que ceux qui savent rester unis pour présenter un front d'airain à l'ennemi, ou se rallier promptement s'ils viennent à être momentanément enfoncés. L'armée russe, sous ce rapport, peut servir de modèle à toutes celles de l'Europe, et l'aplomb qu'elle a déployé dans toutes ses retraites tient autant au caractère national qu'à l'instinct naturel de ses soldats et aux institutions d'une forte discipline. Ce n'est pas en effet toujours la vivacité d'imagination des troupes qui y intro-

duit le désordre ; le défaut d'habitude d'ordre y
est pour beaucoup, et le défaut des précautions
des chefs pour en assurer le maintien y contribue
plus encore. J'ai été souvent étonné de l'insou-
ciance de la plupart des généraux à ce sujet : non
seulement ils ne daignaient pas prendre la moindre
précaution de logistique pour assurer la direction
des petits détachements ou hommes isolés ; ils
n'adoptaient aucuns signaux de ralliement pour
faciliter, aux différents corps d'une armée, la
réunion des fractions qui auraient pu être épar-
pillées par suite d'une terreur subite, ou même
d'une charge irrésistible de l'ennemi ; mais ils se
formalisaient même de ce qu'on pût songer à leur
proposer de semblables précautions. Cependant
le courage le plus incontestable et la discipline
la plus sévère, seraient souvent impuissants pour
remédier à un grand désordre, auquel la bonne
habitude de signaux de ralliement divisionnaires
pourrait beaucoup plus facilement obvier. Sans
doute il est des cas où toutes les ressources humaines seraient insuffisantes pour le maintien de
l'ordre : tel par exemple celui où les souffrances
physiques auxquelles les troupes se trouveraient
en proie, auraient réussi à les rendre sourdes à
toute espèce d'excitation, et où les chefs seraient

eux-mêmes dans l'impossibilité de rien faire pour les organiser : c'est ce qui arriva dans la retraite de 1812. Mais, hormis ces cas exceptionnels, de bonnes habitudes d'ordre, de bonnes précautions de logistique et une bonne discipline, réussiront le plus souvent, si non à prévenir toute panique, du moins à y porter prompt remède.

Il est temps de quitter ces matières dont je n'ai voulu tracer qu'un aperçu, et de passer enfin à l'examen des combinaisons purement militaires.

# CHAPITRE III.

## DE LA STRATÉGIE.

### DÉFINITION ET PRINCIPE FONDAMENTAL.

L'art de la guerre, indépendamment des parties que nous venons d'exposer succinctement, se compose encore, comme on l'a vu plus haut, de cinq branches principales : la stratégie, la grande tactique, la logistique, la tactique de détail, et l'art de l'ingénieur. Nous ne traiterons que les trois premières, pour les motifs déjà indiqués ; il est donc urgent de commencer par les définir.

Pour le faire plus sûrement, nous suivrons l'ordre dans lequel les combinaisons qu'une armée peut avoir à faire se présentent à ses chefs au moment où la guerre se déclare ; commençant naturellement par les plus importantes, qui constituent en quelque sorte le plan d'opérations, et procédant ainsi à l'inverse de la tactique, qui doit commencer par de petits détails pour arriver à la formation et à l'emploi d'une grande armée (*).

Nous supposons donc l'armée entrant en campagne : le premier soin de son chef sera de convenir, avec le gouvernement, de la nature de la guerre qu'il fera ; ensuite il devra bien étudier le théâtre de ses entreprises ; puis il choisira, de concert avec le chef de l'état, la base d'opérations la plus convenable, selon que ses frontières et celles de ses alliés s'y prêteront.

Le choix de cette base, et plus encore, le but qu'on se proposera d'atteindre, contribueront à déterminer la zone d'opérations qu'on adoptera. Le généralissime prendra un premier point objectif pour ses entreprises ; il choisira la ligne d'opérations qui mènerait à ce point, soit comme ligne temporaire, soit comme ligne définitive, en s'attachant à lui donner la direction la plus avanta-

(*) Pour apprendre la tactique, il faut étudier d'abord l'école de peloton, puis celle de bataillon, enfin les évolutions de ligne ; alors on passe aux petites opérations du service de campagne, puis à la castramétation, ensuite les marches, enfin la formation des armées. Mais en stratégie, le commencement part du sommet, c'est-à-dire du plan de la campagne.

geuse, c'est-à-dire celle qui promettrait le plus de grandes chances sans exposer à de grands dangers.

L'armée marchant sur cette ligne d'opérations, aura un front d'opérations et un front stratégique : derrière ce front elle fera bien d'avoir une ligne de défense pour servir d'appui au besoin. Les positions passagères que ses corps d'armée prendront sur le front d'opérations ou sur la ligne de défense, seront des positions stratégiques.

Lorsque l'armée arrivera près de son premier objectif et que l'ennemi commencera à s'opposer à ses entreprises, elle l'attaquera ou manœuvrera pour le contraindre à la retraite ; elle adoptera à cet effet une ou deux lignes stratégiques de manœuvres, lesquelles étant temporaires pourront dévier, jusqu'à certain point, de la ligne générale d'opérations, avec laquelle il ne faut point les confondre.

Pour lier le front stratégique à la base, on formera, à mesure qu'on avancera, la ligne d'étapes et les lignes d'approvisionnements, dépôts, etc.

Si la ligne d'opérations est un peu étendue en profondeur et qu'il y ait des corps ennemis à portée de l'inquiéter, on aura à choisir entre l'attaque et l'expulsion de ses corps, ou bien à poursuivre l'entreprise contre l'armée ennemie, soit en ne s'inquiétant pas des corps secondaires, soit en se bornant à les observer : si l'on s'arrête à ce dernier parti, il en résultera un double front stratégique et de grands détachements.

L'armée étant près d'atteindre son point objectif et l'ennemi voulant s'y opposer, il y aura bataille : lorsque ce choc sera indécis, on s'arrêtera pour recommencer la lutte; si l'on remporte la victoire, on poursuivra ses entreprises pour atteindre ou dépasser le premier objectif et en adopter un second.

Lorsque le but de ce premier objectif sera la prise d'une place d'armes importante, le siége commencera. Si l'armée n'est pas assez nombreuse pour continuer sa marche en laissant un corps de siége derrière soi, elle prendra près de là une position stratégique pour le couvrir; c'est ainsi qu'en 1796 l'armée d'Italie, ne comptant pas 50 mille combattants, ne put dépasser Mantoue pour pénétrer au cœur de l'Autriche en laissant 25 mille ennemis dans cette place, et ayant en outre 40 mille Autrichiens en face sur la double ligne du Tyrol et du Frioul.

Dans le cas, au contraire, où l'armée aurait les forces suffisantes pour tirer un plus grand fruit de sa victoire, ou bien qu'il n'y aurait pas de siége à faire, elle marcherait à un second objectif plus important encore. Si ce point se trouve à une certaine distance, il sera urgent de se procurer un point d'appui intermédiaire; on formera donc une base éventuelle au moyen d'une ou deux villes à l'abri d'insulte qu'on aurait sans doute occupées : en cas contraire, on formera une petite réserve stratégique, qui couvrira les derrières et protégera les grands dépôts par des ouvrages passagers. Lorsque l'armée franchira des fleuves considérables on y construira à la hâte des têtes de pont; et si les ponts se trouvent dans des villes fermées de murailles, on élèvera quelques retranchements pour augmenter la défense de ces postes et pour doubler ainsi la solidité de la base éventuelle ou de la réserve stratégique qu'on y placerait.

Si au contraire la bataille a été perdue, il y aura retraite, afin de se rapprocher de la base et d'y puiser de nouvelles forces, tant par les détachements que l'on attirerait à soi, que par les places et camps retranchés qui arrêteraient l'ennemi ou l'obligeraient à diviser ses moyens.

Lorsque l'hiver approche, il y aura cantonnements d'hiver, ou bien les opérations seront continuées par celle des deux armées qui, ayant obtenu une supériorité décidée et ne trouvant pas d'obstacles majeurs dans la ligne de défense ennemie, voudrait profiter de son ascendant : il y aurait alors campagne d'hiver; cette résolution, qui dans tous les cas devient également pénible pour les deux armées, ne présente pas de combinaisons particulières, si ce n'est d'exiger un redoublement d'activité dans les entreprises afin d'obtenir le dénouement le plus prompt.

Telle est la marche ordinaire d'une guerre ; telle sera aussi celle que nous suivrons pour procéder à l'examen des différentes combinaisons que ces opérations amènent.

Toutes celles qui embrassent l'ensemble du théâtre de la guerre sont du domaine de la stratégie, qui comprendra ainsi :

1° La définition de ce théâtre et des diverses combinaisons qu'il offrirait ;

2° La détermination des points décisifs qui résultent de ces combinaisons et de la direction la plus favorable à donner aux entreprises ;

3° Le choix et l'établissement de la base fixe, et de la zône d'opérations ;

4° La détermination du point objectif qu'on se propose, soit offensif, soit défensif :

5° Les fronts d'opérations, les fronts stratégiques et ligne de défense;

6° Le chcix des lignes d'opérations qui mènent de la base au point objectif ou au front stratégique occupé par l'armée;

7° Celui des meilleures lignes stratégiques à prendre pour une opération donnée; les manœuvres différentes pour embrasser ces lignes dans leurs diverses combinaisons;

8° Les bases d'opérations éventuelles et les réserves stratégiques;

9° Les marches d'armées considérées comme manœuvres;

10° Les magasins considérés dans leurs rapports avec les marches des armées;

11° Les forteresses envisagées comme moyens stratégiques, comme refuges d'une armée, ou comme obstacles à sa marche : les siéges à faire et à couvrir;

12° Les points où il importe d'asseoir des camps retranchés, têtes de pont, etc.;

13° Les diversions et les grands détachements qui deviendraient utiles ou nécessaires.

Indépendamment de ces combinaisons qui entrent principalement dans la projection du plan général pour les premières entreprises de la campagne, il est d'autres opérations mixtes, qui participent de la stratégie pour la direction à leur donner, et de la tactique pour leur exécution, comme les passages de fleuves et rivières, les retraites, les quartiers d'hiver, les surprises, les descentes, les grands convois, etc.

La 2ᵉ branche indiquée est la tactique, c'est-à-dire les manœuvres d'une armée sur le champ de bataille, ou de combat, et les diverses formations pour mener les troupes à l'attaque.

La 3ᵉ branche est la logistique ou l'art pratique de mouvoir les armées, le détail matériel des marches et des formations, l'assiette des camps non retranchés et cantonnements, en un mot l'exécution des combinaisons de la stratégie et de la tactique.

Plusieurs controverses futiles ont eu lieu pour déterminer, d'une manière absolue, la ligne de démarcation qui sépare ces diverses branches de la science : j'ai dit que la stratégie est l'art de faire la guerre sur la carte, l'art d'embrasser tout le théâtre de la guerre ; la tactique est l'art de combattre sur le terrain où le choc aurait lieu, d'y placer ses forces selon les localités et de les mettre en action sur divers points du champ de bataille, c'est-à-dire dans un espace de quatre ou cinq lieues,

de manière que tous les corps agissants puissent
recevoir des ordres et les exécuter dans le courant
même de l'action ; enfin la logistique n'est au fond
que la science de préparer ou d'assurer l'application des deux autres. On a critiqué ma définition
sans en donner de meilleure ; il est vrai que beaucoup de batailles ont été décidées aussi par des
mouvements stratégiques, et n'ont été même
qu'une série de pareils mouvements ; mais cela
n'a jamais eu lieu que contre des armées disper-
sées, cas qui fait exception ; or la définition générale ne s'appliquant qu'à des batailles rangées,
n'en est pas moins exacte (*).

Ainsi, indépendamment des mesures d'exécution locale qui sont de son ressort, la grande tactique, selon moi, comprendra les objets suivants :

1° Le choix des positions et des lignes de bataille défensives ;

2° La défense offensive dans le combat ;

3° Les différents ordres de bataille, ou grandes

---

(*) On pourrait dire que la tactique est le combat, et que la stratégie
c'est toute la guerre avant le combat et après le combat, les sièges
seuls exceptés, encore appartiennent-ils à la stratégie pour décider
ceux qu'il faut faire et comment il faut les couvrir. La stratégie décide
où l'on doit agir ; la logistique y amène et place les troupes ; la tactique décide leur emploi et le mode d'exécution.

manœuvres propres à attaquer une ligne ennemie;

4° La rencontre de deux armées en marche et batailles imprévues;

5° Les surprises d'armées (*);

6° Les dispositions pour conduire les troupes au combat;

7° L'attaque des positions et camps retranchés;

8° Les coups de main.

Toutes les autres opérations de la guerre rentreront dans le détail de la petite guerre, comme les convois, les fourrages, les combats partiels d'avant-garde ou d'arrière-garde, l'attaque même des petits postes, en un mot tout ce qui doit être exécuté par une division ou détachement isolé.

---

## DU PRINCIPE FONDAMENTAL DE LA GUERRE.

Le but essentiel de cet ouvrage est de démontrer qu'il existe un principe fondamental de toutes les opérations de la guerre, principe qui doit pré-

---

(*) Il s'agit des surprises d'armées en pleine campagne, et non de surprises de quartiers d'hiver.

sider à toutes les combinaisons pour qu'elles soient bonnes (\*). Il consiste :

1° A porter, par des combinaisons stratégiques, le gros des forces d'une armée, successivement sur les points décisifs d'un théâtre de guerre, et autant que possible sur les communications de l'ennemi sans compromettre les siennes ;

2° A manœuvrer de manière à engager ce gros des forces contre des fractions seulement de l'armée ennemie ;

3° Au jour de bataille, à diriger également, par des manœuvres tactiques, le gros de ses forces sur le point décisif du champ de bataille, ou sur la partie de la ligne ennemie qu'il importerait d'accabler ;

4° A faire en sorte que ces masses ne soient pas seulement présentes sur le point décisif, mais qu'elles y soient mises en action avec énergie et ensemble, de manière à produire un effort simultané.

---

(\*) Si maintes entreprises ont réussi quoique exécutées contre les principes, ce n'a été que dans le cas où l'ennemi s'en écartait lui-même encore davantage, et jamais lorsqu'il opérait bien. Ce n'est que contre des bandes indisciplinées que l'on peut s'en écarter sans danger.

On a trouvé ce principe général si simple que les critiques ne lui ont pas manqué (*). On a objecté qu'il était fort aisé de recommander de porter ses principales forces sur les points décisifs et de savoir les y engager, mais que l'art consistait précisément à bien reconnaître ces points.

Loin de contester une vérité si naïve, j'avoue qu'il serait au moins ridicule d'émettre un pareil principe général, sans l'accompagner de tous les développements nécessaires pour faire saisir les différentes chances d'application; aussi n'ai-je rien négligé pour mettre chaque officier studieux en état de déterminer facilement les points décisifs d'un échiquier stratégique ou tactique. On trouvera, à l'article 19 ci-après, la définition de ces divers points, et on reconnaîtra dans tous les articles 18 à 22, les rapports qu'ils ont avec les diverses combinaisons d'une guerre. Les militaires qui, après les avoir médités attentivement, croiraient encore que la détermination de ces

---

(*) Pour aller au-devant de ces critiques, j'aurais dû, peut-être, placer ici le chapitre entier des principes généraux de l'art de la guerre qui termine mon *Traité des grandes opérations* (chap. XXXV de la 3e édition); mais des motifs puissants m'ont empêché de dépouiller mon premier ouvrage du chapitre qui en fait le principal mérite, et que mes censeurs auraient dû au moins lire.

points décisifs est un problème insoluble, doivent désespérer de jamais rien comprendre à la stratégie.

En effet, un théâtre général d'opérations ne présente guère que trois zônes : une à droite, une à gauche, une au centre. De même, chaque zône, chaque front d'opérations, chaque position stratégique et ligne de défense, comme chaque ligne tactique de bataille, n'a jamais que ces mêmes subdivisions, c'est-à-dire deux extrémités et un centre. Or il y aura toujours une de ces trois directions qui sera bonne pour conduire au but important que l'on veut atteindre; une des deux autres s'en éloignera plus ou moins, et la troisième lui sera tout-à-fait opposée. Dès-lors, en combinant les rapports de ce but avec les positions ennemies et avec les points géographiques, il semble que toute question de mouvement stratégique, comme de manœuvre tactique, se réduira toujours à savoir si, pour y arriver, l'on doit manœuvrer à droite, à gauche, ou directement devant soi : le choix entre trois alternatives si simples ne saurait être une énigme digne d'un nouveau sphinx.

Je suis loin de prétendre, néanmoins, que tout l'art de la guerre ne consiste que dans le choix d'une bonne direction à donner aux masses, mais on ne saurait nier que c'est du moins le point fondamental de la stratégie. Ce sera au talent d'exécution, au savoir-faire, à l'énergie, au coup-d'œil, à compléter ce que de bonnes combinaisons auront su préparer.

Nous allons donc appliquer d'abord le principe indiqué aux différentes combinaisons de la stratégie et de la tactique, puis prouver, par l'histoire de vingt campagnes célèbres, que les plus brillants succès et les plus grands revers furent, à très peu d'exceptions près, le résultat de l'application ou de l'oubli que l'on en fit (*).

---

(*) On trouvera la relation de ces 20 campagnes avec 50 plans de batailles dans mon *Histoire de la guerre de sept ans*, dans celle des guerres de la Révolution et dans la Vie politique et militaire de Napoléon.

# DES COMBINAISONS STRATÉGIQUES.

## ARTICLE XVI.

### *Du système des opérations.*

La guerre une fois résolue, la première chose à décider c'est de savoir si elle sera offensive ou défensive. Avant tout il convient de bien définir ce qu'on entend par ces mots.

L'offensive se présente sous plusieurs faces : si elle est dirigée contre un grand état, qu'elle embrasse sinon en entier du moins en grande partie, c'est alors *une invasion;* si elle ne s'applique qu'à l'attaque d'une province, ou d'une ligne de défense plus ou moins bornée, c'est alors une offensive ordinaire ; enfin, si ce n'est qu'une attaque sur une position quelconque de l'armée ennemie, et bornée à une seule opération, cela s'appelle *l'initiative des mouvements* (\*). Comme nous l'avons dit au chapitre précédent, l'offensive, considérée moralement et politiquement, est presque toujours avantageuse, parce qu'elle porte la guerre sur le sol étranger, qu'elle ménage son propre pays, diminue les ressources de l'ennemi, et augmente les siennes : elle élève le moral de l'armée et impose souvent la crainte à son adversaire : cependant il arrive aussi qu'elle excite son ardeur, lorsqu'elle lui fait sentir qu'il s'agit pour lui de sauver la patrie menacée.

Sous le rapport militaire, l'offensive a son bon et son mauvais côté ; en stratégie, si elle est poussée jusqu'à l'invasion, elle donne des lignes d'opérations *étendues en profondeur*, qui sont toujours dangereuses en pays ennemi. Tous les obstacles d'un théâtre d'opérations ennemi, les montagnes, les fleuves, les défilés, les places de guerre, étant favorables à la défense, sont ainsi contraires à l'offensive ; les habitants et les autorités du pays seront hostiles à l'armée envahissante,

---

(\*) Cette distinction paraîtra trop subtile : je la crois juste sans y attacher un grand prix ; il est certain que l'on peut prendre l'initiative d'une attaque pour une demi-heure, tout en suivant en général le système défensif.

au lieu d'être des instruments. **Mais si cette armée obtient un succès, elle frappe la puissance ennemie jusqu'au cœur, la prive de ses moyens de guerre, et peut amener un prompt dénouement de la lutte.**

**Appliquée à une simple opération passagère, c'est-à-dire considérée comme initiative des mouvements, l'offensive est presque toujours avantageuse, surtout en stratégie. En effet, si l'art de la guerre consiste à porter ses forces au point décisif, on comprend que le premier moyen d'appliquer ce principe sera de prendre l'initiative des mouvements. Celui qui a pris cette initiative sait d'avance ce qu'il fait et ce qu'il veut ; il arrive avec ses masses au point où il lui convient de frapper. Celui qui attend est prévenu partout ; l'ennemi tombe sur des fractions de son armée ; il ne sait ni où son adversaire veut porter ses efforts, ni les moyens qu'il doit lui opposer.**

**En tactique, l'offensive a aussi des avantages ; mais ils sont moins positifs, parce que les opérations n'étant pas sur un rayon aussi vaste, celui qui a l'initiative ne peut pas les cacher à l'ennemi, qui, le découvrant à l'instant, peut, à l'aide de bonnes réserves, y remédier sur-le-champ. Outre cela, celui qui marche à l'ennemi a contre lui tous**

les désavantages résultant des obstacles du terrain qu'il devra franchir pour aborder la ligne de son adversaire, ce qui fait croire, qu'en tactique surtout, les chances des deux systèmes sont assez balancées.

Au reste, quelques avantages que l'on puisse se promettre de l'offensive sous le double rapport stratégique et politique, il est constant qu'on ne saurait adopter ce système exclusivement pour toute la guerre, car il n'est pas même certain qu'une campagne commencée offensivement ne dégénère en lutte défensive.

La guerre défensive, comme nous l'avons déjà dit, a aussi ses avantages lorsqu'elle est sagement combinée. Elle est de deux espèces : la défense inerte ou passive, et la défense active avec des retours offensifs. La première est toujours pernicieuse ; la seconde peut procurer de grands succès. Le but d'une guerre défensive étant de couvrir le plus long-temps possible la portion de territoire menacée par l'ennemi, il est évident que toutes les opérations doivent avoir pour but de retarder ses progrès, de contrarier ses entreprises en multipliant les difficultés de sa marche, sans néanmoins laisser entamer sérieusement sa propre armée. Celui qui se décide à l'invasion le fait toujours par suite d'un ascendant quelconque; il doit chercher dès-lors un dénouement aussi prompt que possible : le défenseur au contraire doit le reculer jusqu'à ce que son adversaire soit affaibli par des détachements obligés, par les marches, les fatigues, les privations, etc.

Une armée ne se réduit guère à une défense positive que par suite de revers ou d'une infériorité flagrante. Dans ce cas elle cherche, sous l'appui des places, et à la faveur des barrières naturelles ou artificielles, les moyens de rétablir l'équilibre des chances, en multipliant les obstacles qu'elle peut opposer à l'ennemi.

Ce système, lorsqu'il n'est pas poussé trop loin, présente aussi d'heureuses chances, mais c'est dans le cas seulement où le général qui se croirait obligé d'y recourir, aurait le bon esprit de ne pas se réduire à une défense inerte; c'est-à-dire, qu'il se garderait d'attendre sans bouger, dans des postes fixes, tous les coups que l'ennemi voudrait lui porter : il faudra qu'il s'applique au contraire à redoubler l'activité de ses opérations, et à saisir toutes les occasions qui se présenteront de tomber sur les points faibles de l'ennemi, en prenant l'initiative des mouvements.

Ce genre de guerre, que j'ai nommé autrefois

la défensive-offensive (\*), peut être avantageux en
stratégie comme en tactique. En agissant ainsi on
se donne les avantages des deux systèmes, car on
a ceux de l'initiative, et l'on est plus maître de
saisir l'instant où il convient de frapper, lorsqu'on
attend l'adversaire au milieu d'un échiquier que
l'on a préparé d'avance au centre des ressources
et des appuis de son propre pays.

Dans les trois premières campagnes de la guerre
de sept ans, Frédéric-le-Grand fut agresseur;
mais dans les quatre dernières, il donna le vrai
modèle d'une défense-offensive. Il faut avouer néanmoins qu'il fut merveilleusement secondé par ses
adversaires, qui lui donnèrent à l'envi tout le
loisir et les occasions de prendre l'initiative avec
succès.

Wellington joua le même rôle dans la majeure
partie de sa carrière en Portugal, en Espagne et
en Belgique, et c'était en effet le seul qui convînt
à sa position. Il est toujours facile de faire le Fabius
lorsqu'on le fait sur un territoire allié, que l'on
n'a point à s'inquiéter du sort de la capitale ou

---

(\*) D'autres l'ont nommée défense active, ce qui n'est pas aussi
juste, puisque la défense pourrait être très active sans être offensive pour cela; on peut néanmoins adopter le mot, qui est le plus
grammatical.

des provinces menacées, en un mot lorsqu'on peut consulter uniquement les convenances militaires.

En définitive, il paraît incontestable qu'un des plus grands talents d'un général est de savoir employer tour à tour ces deux systèmes, et surtout de savoir ressaisir l'initiative au milieu même d'une lutte défensive.

## ARTICLE XVII.

◆◆◆◆◆◆◆

### *Du théâtre des opérations.*

Le théâtre d'une guerre embrasse toutes les contrées où deux puissances peuvent s'attaquer, soit par leur propre territoire, soit par celui de leurs alliés ou des puissances secondaires qu'elles entraîneront dans le tourbillon par crainte ou par intérêt. Lorsqu'une guerre se complique d'opérations maritimes, alors le théâtre n'en est pas restreint aux frontières d'un état, mais il peut embrasser les deux hémisphères, comme cela est arrivé dans la lutte entre la **France** et l'**Angleterre** depuis **Louis XIV** jusqu'à nos jours.

Ainsi le théâtre général d'une guerre est une chose si vague et si dépendante des incidents, qu'il ne faut pas le confondre avec le théâtre des opérations que chaque armée peut embrasser indépendamment de toute complication.

Le théâtre d'une guerre continentale entre la France et l'Autriche peut embrasser l'Italie seule, ou l'Allemagne et l'Italie si les princes allemands y prennent part.

Il peut arriver que les opérations soient combinées, ou que chaque armée soit destinée à agir séparément. Dans le premier cas, le théâtre général des opérations ne doit être considéré que comme un même échiquier, sur lequel la stratégie doit faire mouvoir les armées vers le but commun qui aura été arrêté. Dans le second cas, chaque armée aura son théâtre d'opérations particulier, indépendant de l'autre.

Le théâtre d'opérations d'une armée comprend tout le terrain qu'elle chercherait à envahir, et tout celui qu'elle peut avoir à défendre. Si elle doit opérer isolément, ce théâtre forme tout son échiquier, hors duquel elle pourrait bien chercher une issue dans le cas où elle s'y trouverait investie de trois côtés, mais hors duquel il serait imprudent de combiner aucune manœuvre, puisque rien ne serait prévu pour une action commune avec l'armée opérant sur l'autre échiquier. Si, au contraire, les opérations sont concertées, alors le théâtre des opérations de chaque armée prise isolément, ne devient, en quelque sorte, qu'une des zones d'opérations de l'échiquier général que les masses belligérantes doivent embrasser dans un même but.

Indépendamment des accidents topographiques

dont il est parsemé, chaque théâtre ou échiquier, sur lequel on doit opérer avec une ou plusieurs armées, se compose pour les deux partis :

1° D'une base d'opérations fixe ;

2° D'un but objectif principal ;

3° De fronts d'opérations , de fronts stratégiques et de lignes de défense;

4° De zones et de lignes d'opérations ;

5° De lignes stratégiques temporaires et de lignes de communications;

6° D'obstacles naturels ou artificiels à vaincre ou à opposer à l'ennemi ;

7° De points stratégiques géographiques importants à occuper dans l'offensive, ou à couvrir défensivement ;

8° De bases d'opérations accidentelles et intermédiaires entre le but objectif et la base positive;

9° De points de refuge en cas de revers.

Pour rendre la démonstration plus intelligible , je suppose la France voulant envahir l'Autriche avec deux ou trois armées, destinées à se réunir sous un chef et partant de Mayence, du Haut-Rhin, de la Savoie, ou des Alpes maritimes. Chaque contrée que l'une ou l'autre de ces trois armées aurait à parcourir, sera en quelque sorte une zone d'opérations de l'échiquier général. Mais

si l'armée d'Italie ne doit agir que jusqu'à l'Adige,
sans rien concerter avec l'armée du Rhin, alors
ce qui n'était considéré que comme une zone d'opérations dans le plan général, devient l'unique
échiquier de cette armée et son théâtre d'opérations.

Dans tous les cas, chaque échiquier doit avoir
sa base particulière, son point objectif, ses zones
et ses lignes d'opérations qui mènent de la base
au but objectif dans l'offensive, ou du but objectif à la base dans la défensive.

------

Quant aux points matériels ou topographiques
dont un théâtre d'opérations se trouve plus ou
moins sillonné en tous sens, l'art ne manque pas
d'ouvrages qui ont discuté leurs différentes propriétés stratégiques ou tactiques : les routes, les
fleuves, les montagnes, les forêts, les villes offrant
des ressources à l'abri d'un coup de main, les
places de guerre, ont été l'objet de maints débats,
dans lesquels les plus érudits ne furent pas toujours les plus lumineux.

Les uns ont donné aux noms des significations
étranges ; on a imprimé et professé que les fleuves
étaient les lignes d'opérations par excellence ! !

or, comme une telle ligne ne saurait exister sans
offrir deux ou trois chemins pour mouvoir l'armée
dans la sphère de ses entreprises, et au moins une
ligne de retraite, ces nouveaux Moïses préten-
daient donc transformer ainsi les fleuves en lignes
de retraites! même en lignes de manœuvres! Il
paraissait bien plus naturel et plus juste de dire
que les fleuves sont d'excellentes lignes d'approvisionnement, de puissants auxiliaires pour faciliter l'établissement d'une bonne ligne d'opérations, mais jamais cette ligne elle-même.

Nous avons vu, avec un égal étonnement, un
écrivain grave affirmer que, *si l'on avait un pays
à créer pour en faire un bon théâtre de guerre, il
faudrait éviter d'y construire des routes convergentes parce qu'elles facilitent l'invasion!!* Comme
si un pays pouvait exister sans capitale, sans villes
riches et industrieuses, et si les routes n'allaient
pas forcément converger vers ces points où les
intérêts de toute une contrée se concentrent naturellement et par la force des choses. Lors même
qu'on ferait une steppe de toute l'Allemagne pour
y reconstruire un théâtre de guerre au gré de
l'auteur, des villes commerçantes se relèveraient,
des chefs-lieux se rétabliraient, et tous les chemins iraient de nouveau converger vers ces artères

vivificateurs. D'ailleurs ne fut-ce pas à des routes convergentes que l'archiduc Charles dut la facilité de battre Jourdan en 1796? Et dans le fait ces routes ne favorisent-elles pas la défense plus encore que l'attaque, puisque deux masses, se repliant sur deux rayons convergents, et pouvant dès-lors se réunir plus vite que les deux masses qui les suivraient, seraient ainsi à même de les battre séparément.

D'autres auteurs ont voulu que les pays de montagnes fourmillent de points stratégiques, et les antagonistes de cette opinion ont affirmé que les points stratégiques étaient au contraire plus rares dans les Alpes que dans les plaines, mais qu'en échange, s'ils étaient moins nombreux, ils n'en étaient que plus importants et plus décisifs.

Quelques écrivains ont présenté aussi les hautes montagnes comme autant de murailles de la Chine inaccessibles pour tous; tandis que Napoléon, en parlant des Alpes Rhétiennes, disait « *qu'une armée devait passer partout où un homme pouvait poser le pied.* »

Des généraux non moins expérimentés que lui dans la guerre de montagnes, ont partagé sans doute la même opinion en proclamant la grande difficulté qu'on éprouve à y mener une guerre dé-

fensive, à moins de réunir les avantages d'une
levée en masse des populations à ceux d'une armée
régulière, la première pour garder les cimes et
harceler l'ennemi, la dernière pour lui livrer
bataille sur les points décisifs à la jonction des
grandes vallées.

En relevant ces contradictions, nous ne cédons
point à un futile esprit de critique, mais seulement
à l'envie de démontrer à nos lecteurs que, loin
d'avoir porté l'art jusqu'à ses dernières limites, il
existe encore une multitude de points à discuter.

Nous n'entreprendrons pas de démontrer ici la
valeur stratégique des divers accidents topographiques ou artificiels qui composent un théâtre de
guerre, car les plus importants seront examinés
dans les différents articles de ce chapitre auxquels
ils se rapportent; cependant on peut dire en général que cette valeur dépend beaucoup de l'habileté des chefs, et de l'esprit dont ils sont animés;
le grand capitaine qui avait franchi le Saint-Bernard et ordonné le passage du Splugen, était loin
de croire à l'*inexpugnabilité* de ces chaînes, mais
il ne se doutait guère non plus qu'un misérable
ruisseau bourbeux et un enclos de murs pussent
changer ses destinées à Waterloo.

## ARTICLE XVIII.

••••••

### *Des bases d'opérations.*

Le premier point d'un plan d'opérations est de s'assurer d'une bonne base; on nomme ainsi l'étendue ou la fraction d'un état d'où une armée tirera ses ressources et renforts (\*); celle d'où elle devra partir pour une expédition offensive, et où elle trouvera un refuge au besoin; celle enfin sur laquelle elle devra s'appuyer si elle couvre son pays défensivement.

Lorsqu'une frontière offre de bonnes barrières naturelles et artificielles, elle peut former ainsi, tour à tour, soit une excellente base pour l'offensive, soit une ligne de défense lorsqu'on se bornerait à vouloir préserver le pays d'invasion.

Dans ce dernier cas, il sera prudent de se ménager alors une bonne base en seconde ligne, car, bien qu'au fond une armée soit sensée trouver un appui partout dans son propre pays, encore

---

(\*) Si la base d'opérations est le plus souvent aussi celle des approvisionnements, il y a des exceptions, du moins pour ce qui concerne les vivres. Une armée française placée sur l'Elbe pourrait tirer sa subsistance des provinces de la Westphalie ou de la Franconie, et sa véritable base n'en serait pas moins sur le Rhin.

existe-t-il une grande différence entre les parties de ce pays entièrement dénuées de points et de moyens militaires, d'arsenaux, de forts, de magasins à l'abri, et les autres contrées où l'on trouverait de puissantes ressources de cette espèce : ce sont celles-là seulement qui peuvent être considérées comme des bases d'opérations solides.

Chaque armée peut avoir successivement plusieurs bases : par exemple, une armée française opérant en Allemagne aura pour première base le Rhin, elle pourra en avoir au-delà du fleuve partout où elle aura des alliés ou des lignes de défense permanentes d'un avantage reconnu ; mais si elle est ramenée derrière le fleuve, elle trouvera une nouvelle base sur la Meuse ou la Moselle, elle peut en avoir une troisième sur la Seine, une quatrième sur la Loire.

En citant ces bases successives, je ne veux pas dire qu'elles doivent toujours être à peu près parallèles à la première : il arrive souvent au contraire qu'un changement total de direction devienne nécessaire : ainsi, une armée française repoussée derrière le Rhin pourrait bien chercher sa nouvelle base principale, soit sur Béfort ou Besançon, soit sur Mézières ou Sedan ; comme l'armée russe après l'évacuation de Moscou, quittant la base du nord et de l'est, vint s'appuyer sur la ligne de l'Oka et sur les provinces méridionales. Ces bases latérales, perpendiculaires au front de défense, sont souvent décisives pour empêcher l'ennemi de pénétrer au cœur du pays, ou du moins de s'y maintenir.

Une base appuyée sur un fleuve large et impétueux, dont on tiendrait les rives par de bonnes forteresses situées à cheval sur ce fleuve, serait sans contredit la plus favorable qu'on pût désirer.

Plus la base est large, moins elle est facile à couvrir, mais moins il sera facile aussi d'en couper l'armée.

Un état, dont la capitale ou le centre de puissance est trop près de la première frontière, offre moins d'avantages pour baser ses défenseurs, qu'un état dont la capitale serait plus éloignée.

Toute base, pour être parfaite, doit offrir deux ou trois places d'une capacité suffisante pour y établir des magasins, des dépôts, etc. Elle doit avoir au moins une tête de pont retranchée sur chacune des rivières inguéables qui s'y trouvent.

Jusqu'à ce jour on a été assez généralement d'accord sur toutes les qualités que nous venons d'énumérer; mais il est d'autres points sur lesquels les avis ont été plus divisés. Plusieurs écrivains ont voulu qu'une base, pour être parfaite, fût parallèle avec celle de l'adversaire; tandis qu'au contraire j'ai émis l'opinion que les bases perpendiculaires à celles de l'ennemi étaient les plus avantageuses, notamment celles qui, présentant deux faces à peu près perpendiculaires l'une à l'autre et figurant un angle rentrant, assureraient une double base au besoin, rendraient maître de deux côtés de l'échiquier stratégique, procureraient deux lignes de retraite fort distantes l'une de l'autre, enfin faciliteraient tout changement de ligne d'opérations que la tournure imprévue des chances de la guerre pourrait nécessiter.

J'ai démontré, il y a près de trente ans, dans mon Traité des grandes opérations militaires, l'influence que la direction des frontières devait exercer sur celle de la base et des lignes d'opérations. On se rappelle, qu'appliquant ces vérités à divers théâtres de guerre, je comparais ceux-ci à un échiquier toujours borné d'un côté ou de l'autre par une mer ou par une grande puissance neutre, qui formeraient également un obstacle insurmontable. Voici comment je m'exprimais.

« La configuration générale du théâtre de la « guerre peut avoir aussi une grande influence « sur la direction à donner aux lignes d'opéra- « tions (et par conséquent aux bases).

« En effet si tout théâtre de guerre forme un
« échiquier ou figure présentant quatre faces plus
« ou moins régulières, il peut arriver qu'une des
« armées, au début de la campagne, occupe une
« seule de ces faces, comme il est possible qu'elle
« en tienne deux, tandis que l'ennemi n'en occu-
« perait qu'une seule et que la quatrième forme-
« rait un obstacle insurmontable. La manière
« dont on embrasserait ce théâtre de guerre pré-
« senterait donc des combinaisons bien diffé-
« rentes dans chacune de ces hypothèses.

« Pour faire mieux comprendre cette idée, je
« citerai le théâtre de la guerre des armées fran-
« çaises en Westphalie depuis 1757 jusqu'à 1762
« et celui de Napoléon en 1806, représentés l'un
« et l'autre par la figure ci-après :

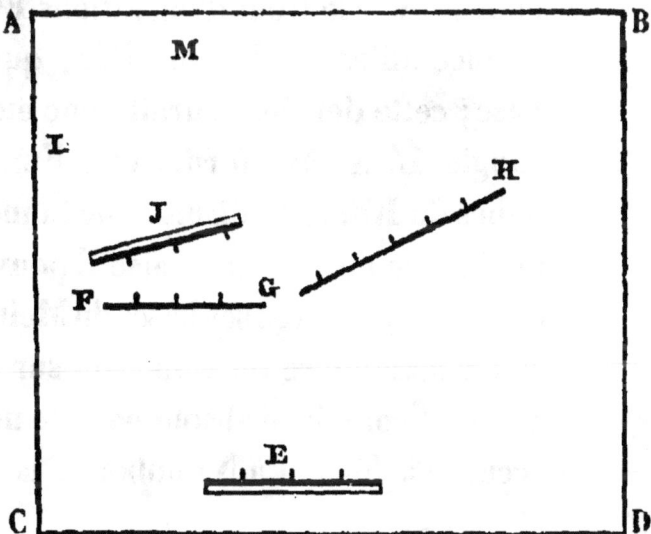

« Dans le premier de ces théâtres de guerre,
« le côté **AB** était formé par la mer du Nord, le
« côté **BD** par la ligne du Weser, base de l'armée
« du duc Ferdinand; la ligne du Meyn formait le
« côté **CD**, base de l'armée française, et la face
« **AC** était formée par la ligne du Rhin, également-
« ment gardée par les armées de Louis XV.

« On voit donc que les armées françaises, opé-
« rant offensivement, et tenant deux faces, avaient
« en leur faveur la mer du Nord formant le troi-
« sième côté, et que par conséquent elles n'avaient
« qu'à gagner le côté **BD** par des manœuvres,
« pour être maîtresses des quatre faces, c'est-à-
« dire de la base et de toutes les communications
« de l'ennemi comme le montre la figure ci-dessus.

« L'armée française **E**, partant de la base **CD**
« pour gagner le front d'opérations **FGH**, coupait
« l'armée alliée **J**, du côté **BD**, qui formait sa
« base; cette dernière aurait donc été rejetée sur
« l'angle **L, A, M**, formé vers Embden par les
« lignes du Rhin, de l'Ems et de la mer du Nord;
« tandis que l'armée française **E** pouvait toujours
« communiquer avec ses bases du Mein et du Rhin.

« La manœuvre de Napoléon sur la Saale en
« 1806 fut combinée absolument de même : il vint
« occuper à Jéna et à Naumbourg la ligne **FGH**

« et marcha ensuite par Halle et Dessau pour re-
« jeter l'armée prussienne J sur le côté A B, formé
« par la mer. On sait assez quel en fut le résultat.

« Le grand art de bien diriger ses lignes d'opé-
« rations consiste donc à combiner ses marches
« de manière à s'emparer des communications de
« l'ennemi sans perdre les siennes : on voit aisé-
« ment que la ligne F G H , par sa position prolon-
« gée et le crochet laissé sur l'extrémité de l'en-
« nemi , conserve toujours ses communications
« avec la base C D ; c'est l'application exacte des
« manœuvres de Marengo , d'Ulm et de Jéna.

Lorsque le théâtre de la guerre ne sera pas voi-
« sin d'une mer, il sera toujours borné par une
« grande puissance neutre qui gardera ses fron-
« tières et fermera un des côtés du carré : sans
« doute ce ne sera pas une barrière aussi insur-
« montable qu'une mer ; mais en thèse générale
« on peut toujours la considérer comme un ob-
« stacle sur lequel il serait dangereux de se replier
« après une défaite , et avantageux par-là même
« de refouler son ennemi. On ne viole pas impu-
« nément le territoire d'une puissance qui aurait
« 150 à 200 mille hommes ; et si une armée battue
« prenait ce parti , elle n'en serait pas moins
« coupée de sa base.

« Si c'était une petite puissance qui bornât le
« théâtre de la guerre, il est probable qu'elle y
« serait bientôt englobée, et la face du carré se
« trouverait seulement un peu plus reculée jus-
« qu'aux frontières d'un grand état, ou jusqu'à
« une mer.

« La configuration des frontières modifiera par-
« fois la forme des diverses faces de l'échiquier,
« c'est-à-dire que ces formes se rapprocheraient
« alors de celle d'un parallélogramme ou d'un
« trapèze selon le tracé des deux lignes de la figure
« suivante :

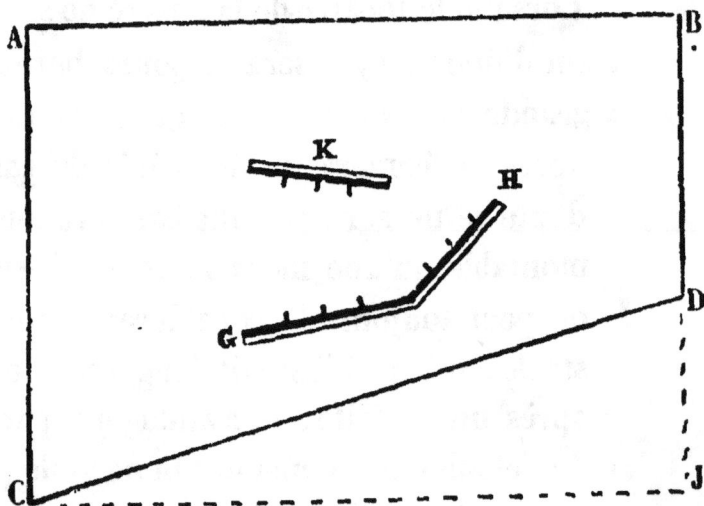

« Dans l'un et l'autre cas, les avantages de
« l'armée qui se trouverait maîtresse de deux des
« faces et aurait la facilité d'y établir une double

« base, seraient encore bien plus positifs, puis-
« qu'elle pourrait plus aisément couper l'ennemi
« de la face rétrécie qui lui resterait, ainsi que cela
« arriva en 1806 à l'armée prussienne dans le
« côté B.D.J du parallélogramme formé par les
« lignes du Rhin, de l'Oder, la mer du Nord et
« la frontière des montagnes de Franconie. »

La base de la Bohème en 1813 prouve, aussi
bien que tout ce qui précède, en faveur de mon
opinion, car ce fut par la direction perpendiculaire
de cette base avec celle de l'armée française, que
les alliés parvinrent à paralyser les avantages immenses que la ligne de l'Elbe eût procurés sans
cela à Napoléon; circonstance qui fit tourner
toutes les chances de la campagne en leur faveur.
De même en 1812 ce fut en se basant perpendiculairement sur l'Oka et Kalouga que les Russes
purent exécuter leur marche de flanc sur Wiazma
et Krasnoï.

Au surplus pour se convaincre de ces vérités,
il suffit de réfléchir que le front d'opérations d'une
armée, dont la base serait perpendiculaire à celle
des ennemis, se trouverait établi parallèlement à
la ligne d'opérations de ses adversaires, et qu'il
lui deviendrait ainsi très facile d'opérer sur leurs
communications et leur ligne de retraite.

J'ai dit plus haut que les bases perpendiculaires seraient surtout favorables lorsqu'elles présenteraient une double frontière, selon ce qui est tracé aux figures susmentionnées; or les critiques ne manqueront pas d'objecter que ceci ne s'accorde guère avec ce que j'ai dit ailleurs en faveur des frontières saillantes du côté de l'ennemi, et contre les lignes d'opérations doubles à égalité de forces. (Art. 21.)

L'objection serait plus spécieuse que juste, car le plus grand avantage d'une base perpendiculaire résulte précisément de ce qu'elle forme ce saillant qui prend à revers une partie du théâtre des opérations. D'un autre côté, la possession d'une base à deux faces n'emporte nullement l'obligation de les occuper en forces toutes les deux; il suffit au contraire d'avoir, sur l'une d'elles, quelques points fortifiés avec un petit corps d'observation, tandis que l'on porterait tout le poids de ses forces sur l'autre face, ainsi que cela eut lieu dans les campagnes de 1800 et 1806. L'angle presque droit, formé par le Rhin depuis Constance à Basle, et de là à Kehl, offrait au général Moreau une base parallèle, et une autre perpendiculaire à celle de son antagoniste. Il poussa deux divisions par sa gauche sur la première de ces bases, vers Kehl, pour y attirer l'attention de l'ennemi, tandis qu'il fila avec neuf divisions sur l'extrémité de la face perpendiculaire du côté de Schaffhouse, ce qui l'amena en peu de marches jusqu'aux portes d'Augsbourg, après que les deux divisions détachées l'eurent déjà rejoint.

Napoléon en 1806 avait aussi la double base du Mein et du Rhin, formant presque un angle droit rentrant; il se contenta de laisser Mortier sur la face parallèle, c'est-à-dire sur celle du Rhin, pendant qu'avec toute la masse de ses forces, il gagnait l'extrémité de la face perpendiculaire, et prévenait ainsi les Prussiens à Gera et à Naumbourg sur leur ligne de retraite.

Si tant de faits imposants prouvent que les bases à deux faces, dont l'une serait à peu près perpendiculaire à celle de l'ennemi, sont les meilleures, il faut bien reconnaître aussi que, dans le cas où l'on manquerait d'une base pareille, on pourrait y suppléer en partie par un changement de front stratégique comme on le verra à l'article 20.

———

Une autre question non moins importante sur la meilleure direction à donner aux bases d'opérations, est celle qui se rattache aux bases établies sur les rives de la mer et qui ont aussi donné lieu à de graves erreurs, car autant elles sont favorables pour les uns, autant elles seraient redoutables pour les autres, ainsi qu'on a pu s'en assurer par tout ce qui précède. Le danger qu'il y aurait pour une armée continentale à être refoulée sur la mer a été si fortement signalé, que l'on ne saurait trop s'étonner d'entendre encore vanter les avantages des bases établies sur ses rivages et qui ne sauraient convenir qu'à une armée insulaire. En effet, Wellington, venant avec sa flotte au secours du Portugal et de l'Espagne, ne pouvait adopter de meilleure base que celle de Lisbonne, ou pour mieux dire celle de la presqu'île de Torres-Vedras qui couvre les seules avenues de cette capitale du côté de terre. Ici les rives du Tage et celles de la mer ne couvraient pas seulement ses deux flancs, mais elles assuraient encore sa ligne de retraite qui ne pouvait avoir lieu que sur ses vaisseaux.

Séduits par les avantages que ce fameux camp retranché de Torres-Vedras avait procurés au général anglais, et ne jugeant que les effets sans remonter aux causes, bien des généraux, fort savants d'ailleurs, ne voulurent plus voir de bonnes bases hormis celles qui, placées sur les rives de la mer.

procureraient à l'armée de faciles approvisionnements, et des refuges avec des flancs à l'abri de
toute insulte. L'aveuglement fut poussé à tel point,
que le général Pfuhl soutenait, en 1812, que la base
naturelle des Russes était à Riga, blasphème stratégique qui fut également proféré en ma présence
par un des généraux français les plus renommés.

Fasciné par de semblables idées, le colonel Ca-
rion-Nizas osa même imprimer, qu'en 1813 Napoléon aurait dû placer la moitié de son armée en
Bohème et jeter 150 mille hommes *aux bouches
de l'Elbe* vers Hambourg !!! oubliant que la première règle pour toutes les bases d'une armée continentale est de s'appuyer sur le front le plus
opposé à la mer, c'est-à-dire sur celui qui placerait l'armée au centre de tous les éléments de sa
puissance militaire et de sa population, dont elle
se trouverait séparée et coupée si elle commettait
la faute grave de s'appuyer à la mer.

Une puissance insulaire, agissant sur le continent, doit naturellement faire le calcul diamétra-
lement opposé, et cela pour appliquer néanmoins
le même axiôme, qui prescrit à chacun *de chercher sa base sur les points où il peut être soutenu
de tous ses moyens de guerre et trouver en même
temps un refuge certain.*

Une puissance, forte à la fois sur terre comme sur mer, et dont les escadres nombreuses domineraient une mer voisine du théâtre des opérations, pourrait bien encore baser une petite armée de 40 à 50 mille hommes sur le rivage, en lui assurant un refuge bien protégé et des approvisionnements de toute espèce : mais donner une pareille base à des masses continentales de 150 mille hommes, engagées contre des forces disciplinées et à peu près égales en nombre, ce serait toujours un acte de folie.

Cependant, comme toute maxime a ses exceptions, il est un cas dans lequel il peut être convenable de dévier à ce que nous venons de dire, et de porter ses opérations du côté de la mer : c'est lorsqu'on aurait affaire à un adversaire peu redoutable en campagne, et qu'étant maître décidé de cette mer, on pourrait s'approvisionner aisément de ce côté, tandis qu'il serait difficile de le faire dans l'intérieur des terres. Quoiqu'il soit fort rare de voir ces trois conditions réunies, ce fut néanmoins ce qui arriva dans la guerre de Turquie en 1828 et 1829. Toute l'attention fut fixée sur Warna et Bourgas en se bornant à observer Schumla, système qu'on n'eût pas pu suivre en face d'une armée européenne, lors même qu'on eût tenu la mer, sans s'exposer à une ruine probable.

Malgré tout ce qu'en ont dit les oisifs qui prétendent décider du sort des empires, cette guerre fut assez bien conduite, à quelques fautes près : on eut soin de se couvrir en s'assurant des forteresses de Braïlof, Warna et Silistrie, puis en se préparant un dépôt à Sizipoli. Dès qu'on fut suffisamment basé on poussa droit sur Andrinople, ce qui auparavant eût été folie. Si l'on n'était pas venu de si loin en 1828, ou que l'on eût eu deux mois de bonne saison de plus, tout eût été terminé dès cette première campagne.

———

Outre les bases permanentes, qui se trouveront ordinairement établies sur ses propres frontières, ou du moins dans le pays d'un allié sur lequel on pourrait compter, il en est aussi d'éventuelles ou temporaires, qui dépendent des opérations entreprises en pays ennemi : mais comme celles-ci sont plutôt des points d'appui passagers, nous en dirons quelques mots dans un article particulier, afin d'éviter la confusion qui pourrait résulter d'une similitude de dénomination (voyez art. 23).

## ARTICLE XIX.

........

*Des points et lignes stratégiques, des points déci-sifs du théâtre de la guerre, et des objectifs d'opérations.*

Il y a des points et des lignes stratégiques de diverse nature. Les uns reçoivent ce nom par le fait seul de leur site, duquel résulte toute leur importance sur l'échiquier des opérations; ils sont donc des points stratégiques géographiques permanents. D'autres acquièrent leur valeur par les rapports qu'ils ont avec le placement des forces ennemies et avec les entreprises que l'on voudrait former contre elles : *ce sont donc des points stra-tégiques de manœuvres* et tout-à-fait éventuels. Enfin il y a des points et lignes stratégiques qui n'ont qu'une importance secondaire, et d'autres dont l'importance est à la fois immense et inces-sante : ceux-ci je les ai nommés points *stratégiques décisifs.*

Je vais m'efforcer d'expliquer ces rapports aussi nettement que je les conçois moi-même, ce qui n'est pas toujours aussi facile qu'on le croit en pareille matière.

Tout point du théâtre de la guerre qui aurait une importance militaire, soit par son site au centre des communications, soit par des établissements militaires et travaux de fortifications quelconques qui auraient une influence directe ou indirecte sur l'échiquier stratégique, sera de fait un point stratégique territorial ou géographique.

Un illustre général affirme, au contraire, que tout point qui réunirait les conditions susmentionnées ne serait pas pour cela un point stratégique, s'il ne se trouvait sur une direction convenable relativement à l'opération qu'on aurait en vue. On me pardonnera de professer une opinion différente, car un point stratégique est toujours tel par sa nature, et celui même qui serait le plus éloigné de la sphère des premières entreprises, pourra y être entraîné par la tournure imprévue des événements et acquérir ainsi toute l'importance dont il serait susceptible. Il eût donc été plus exact, à mon avis, de dire que tous les points stratégiques ne sont pas des points décisifs.

Les lignes stratégiques sont également ou géographiques ou relatives seulement aux manœuvres temporaires; les premières peuvent être subdivisées en deux classes, savoir, les lignes géographiques qui par leur importance permanente appartiennent aux points décisifs du théâtre de la guerre (*). et celles qui n'ont de valeur que parce qu'elles lient deux points stratégiques entre eux.

De crainte d'embrouiller ces différents sujets, nous traiterons dans un article séparé des lignes stratégiques qui se rapportent à une manœuvre combinée, pour nous borner ici à ce qui concerne *les points décisifs et objectifs* de la zone d'opérations sur laquelle les entreprises seront dirigées.

Quoiqu'il existe des rapports intimes entre ces deux espèces de points, vu que tout objectif devra être nécessairement un des points décisifs du théâtre de la guerre, il y a cependant une distinction à faire, car tous les points décisifs ne sauraient

---

(*) On me reprochera peut-être encore un barbarisme, parce que je donne le nom de point décisif ou objectif à des lignes, et qu'un point ne saurait être une ligne. Il est inutile de faire observer à mes lecteurs que les points objectifs ne sont pas des points géométriques, mais une formule grammaticale exprimant le but qu'une armée se propose. Et si l'on dispute aussi sur le mot décisif, vu qu'un point par lui-même est rarement décisif, on peut y substituer le mot *important*, bien qu'il n'exprime pas aussi fortement la pensée que j'y rattache. Il est inutile, je pense, d'ajouter qu'un point ne saurait être décisif, qu'autant que les opérations seraient dirigées dans la sphère où il pourrait avoir une action sur leur résultat.

être à la fois le but objectif des opérations. Occupons-nous donc d'abord de bien définir les premiers, ce qui conduira plus facilement au bon choix des seconds.

Je crois qu'on peut donner le nom de *point stratégique décisif*, à tous ceux qui sont susceptibles d'exercer une influence notable, soit sur l'ensemble d'une campagne, soit sur une seule entreprise. Tous les points dont le site géographique et les avantages artificiels favoriseraient l'attaque ou la défense d'un front d'opérations, ou d'une ligne de défense, sont de ce nombre, et les grandes places d'armes bien situées tiennent le premier rang parmi eux.

Les points décisifs d'un théâtre de guerre sont donc de plusieurs espèces. Les premiers sont les points ou lignes géographiques dont l'importance est permanente, et dérive de la configuration même de cet échiquier : prenons, par exemple, le théâtre de la guerre des Français en Belgique ; il est tout simple que celui des deux partis qui sera maître du cours de la Meuse, aura des avantages incalculables pour s'emparer du pays ; car son adversaire, débordé et enfermé entre la Meuse et la mer du Nord, ne pourrait recevoir bataille parallèlement à cette mer, sans courir risque d'une perte totale (\*). De même, la vallée du Danube présente une série de points importants qui l'ont fait regarder comme la clef de l'Allemagne méridionale.

Les points décisifs géographiques sont aussi ceux qui rendraient maître du nœud de plusieurs vallées et du centre des plus grandes communications qui coupent un pays. Par exemple, Lyon est un point stratégique important, parce qu'il domine les deux vallées du Rhône et de la Saône, et qu'il se trouve au centre des communications de la France avec l'Italie et du midi avec l'Est : mais il ne serait décisif qu'autant qu'il s'y trouverait une place forte ou un camp retranché avec tête de ponts.

Leipzig est incontestablement un point stratégique, parce qu'il se trouve à la jonction de toutes les communications du nord de l'Allemagne. Si cette ville était fortifiée, et située à cheval sur un fleuve, elle serait presque la clef du pays ( si un pays a une clef, et si cette expression figurée veut dire autre chose qu'un point décisif).

---

(\*) Ceci ne s'applique qu'à des armées continentales et non aux Anglais qui, basés sur Anvers ou Ostende, n'auraient rien à redouter de l'occupation de la ligne de la Meuse.

Toutes les capitales, étant au centre des routes d'un pays, seraient ainsi des points stratégiques décisifs, non seulement par cette raison, mais encore par les autres motifs statistiques et poliques qui ajoutent à cette importance.

Outre ces points il existe, dans les pays de montagnes, des défilés qui sont les seules issues praticables pour une armée : ces points géographiques peuvent être décisifs dans une entreprise sur le pays : on sait ce que le défilé de Bard, couvert d'un petit fort, eut d'importance en 1800.

La seconde espèce de points décisifs est celle des points éventuels de manœuvres, qui sont relatifs et résultent de l'emplacement des troupes des deux partis; par exemple, Mack se trouvant concentré en 1805 vers Ulm, et attendant l'armée russe par la Moravie, le point décisif pour l'attaquer était Donawerth ou le Bas–Lech, car en le gagnant avant lui on coupait sa ligne de retraite sur l'Autriche et sur l'armée destinée à le seconder. Au contraire, en 1800, Kray se trouvant dans la même position d'Ulm, n'attendait le concours d'aucune armée du côté de la Bohême, mais bien du Tyrol et de l'armée victorieuse de Mélas en Italie; dès lors le point décisif pour l'attaquer n'était plus Donawerth, mais bien du côté opposé, c'est-à-dire par Schaffhouse, puisque c'était le moyen de prendre à revers son front d'opérations, de le couper de sa retraite, et de l'isoler de l'armée secondaire aussi bien que de sa base, en le rejetant sur le Mein. Dans la même campagne de 1800, le premier point objectif de Bonaparte était de fondre sur la droite de Mélas par le St-Bernard pour s'emparer ensuite de ses communications : on juge que le St-Bernard, Yvrée et Plaisance n'étaient des points décisifs que par leurs rapports avec la marche de Mélas sur Nice.

On peut poser comme principe général, que les points décisifs de manœuvres sont sur celle des extrémités de l'ennemi d'où l'on pourrait le séparer plus facilement de sa base et de ses armées secondaires, sans s'exposer soi-même à courir ce risque. On doit toujours préférer l'extrémité opposée à la mer, parce qu'il est aussi avantageux de refouler l'ennemi sur la mer, que dangereux de s'exposer à pareille chance, à moins que l'on n'ait affaire à une armée insulaire et inférieure : dans ce cas on peut chercher à la couper de ses vaisseaux, bien que ce soit parfois dangereux.

Si l'armée ennemie est morcelée, ou étendue sur une ligne très-longue, alors le point décisif sera le centre; car en y pénétrant on augmentera la division des forces ennemies, c'est-à-dire on doublera leur faiblesse, et ces troupes accablées isolément seront sans doute perdues.

Le point décisif d'un champ de bataille se détermine :

1° Par la configuration du terrain ;

2° Par la combinaison des localités avec le but stratégique qu'une armée se propose ;

3° Par l'emplacement des forces respectives.

Mais pour ne pas anticiper sur les combinaisons de la tactique, nous traiterons de ces derniers points au chapitre des batailles.

———

### *Des points objectifs.*

On pourrait dire de ces points comme de ceux qui précèdent, qu'il y a des points objectifs de manœuvres et d'autres qui sont géographiques, tels qu'une forteresse importante, la ligne d'un fleuve, un front d'opérations qui offrirait de bonnes lignes de défense ou de bons points d'appui pour des entreprises ultérieures. Cependant, comme le choix même d'un objectif géographique est une combinaison qui peut être rangée dans la classe des manœuvres, il serait plus exact de dire que les uns ne se rapportent qu'à des points territoriaux, et que les autres s'attachent exclusivement aux forces ennemies qui occupent ceux-ci.

En stratégie, le but d'une campagne détermine le point objectif. Si ce but est offensif, le point sera l'occupation de la capitale ennemie, ou celle d'une province militaire dont la perte pourrait déterminer l'ennemi à la paix. Dans la guerre d'invasion, la capitale est ordinairement le point objectif que se propose l'assaillant. Toutefois, la situation géographique de cette capitale, les rapports politiques des puissances belligérantes avec les puissances voisines, les ressources respectives, soit positives soit fédératives, forment autant de combinaisons étrangères au fond à la science des combats, mais très-intimement liées néanmoins avec les plans d'opérations, et qui peuvent décider si une armée doit désirer ou craindre de pousser jusqu'à la capitale ennemie.

Dans ce dernier cas, le point objectif pourra être dirigé contre la partie du front d'opérations ou de la ligne de défense, où se trouveraient quelque place importante dont la conquête assurerait, à l'armée, la possession du territoire occupé : par exemple, dans une guerre contre l'Autriche, si la France envahissait l'Italie, son premier objectif serait d'atteindre la ligne du **Tessin** et du **Pô**; le second point objectif serait **Mantoue** et la ligne de l'**Adige**.

Dans la défensive, le point objectif, au lieu d'être celui que l'on veut conquérir, sera celui que l'on cherche à couvrir. La capitale étant censée le foyer de la puissance, devient le point objectif principal de la défensive; mais il peut y avoir des points plus rapprochés, comme la défense d'une première ligne et de la première base d'opérations; ainsi une armée française, réduite à la défensive derrière le **Rhin**, aura pour premier point objectif d'empêcher le passage du fleuve; elle cherchera à secourir les places d'Alsace si l'ennemi parvenait à effectuer son passage et à les assiéger; le second objectif sera de couvrir la première base d'opérations qui se trouvera sur la **Meuse** ou la **Moselle**, but que l'on peut également atteindre par une défense latérale aussi bien que par une défense de front.

Quant aux points objectifs *de manœuvres*, c'est-à-dire ceux qui se rapportent surtout à la destruction ou à la décomposition des armées ennemies, on jugera de toute leur importance par ce que nous avons déjà dit plus haut des points décisifs de la même espèce. C'est en quelque sorte dans le bon choix de ces points que consiste le talent le plus précieux pour un général, et le gage le plus sûr de grands succès. Du moins est-il certain que ce fut le mérite le plus incontestable de Napoléon. Rejetant les vieilles routines qui ne s'attachaient qu'à la prise d'une ou deux places, ou à l'occupation d'une petite province limitrophe, il parut convaincu que le premier moyen de faire de grandes choses était de s'appliquer surtout à disloquer et ruiner l'armée ennemie, certain que les états ou les provinces tombent d'eux-mêmes quand ils n'ont plus de forces organisées pour les couvrir (*). Mesurer d'un coup d'œil sûr les chances qu'offriraient les différentes zones d'un théâtre de guerre; diriger ses masses concentriquement sur celle de ses zones qui serait évidemment la plus avantageuse; ne rien négliger pour s'instruire de la position approximative des forces ennemies; puis fondre alors avec la rapidité de l'éclair soit sur le centre de cette armée si elle était divisée, soit sur celle des deux extrémités qui conduirait plus directement sur ses communications, la déborder, la couper, l'entamer, la poursuivre à outrance

---

(*) La guerre d'Espagne et toutes les guerres nationales, pourraient être citées comme exceptions : cependant sans le secours d'une armée organisée, soit étrangère soit nationale, toute lutte partielle des populations succomberait à la longue.

en lui imprimant des directions divergentes ; enfin
ne la quitter qu'après l'avoir anéantie ou disper-
sée : voilà ce que toutes les premières campagnes
de Napoléon indiquent comme un des meilleurs
systèmes, ou du moins comme les bases de celui
qu'il préférait.

Appliquées plus tard aux immenses distances et
aux contrées inhospitalières de la Russie, ces manœuvres n'eurent pas à la vérité le même succès
qu'en Allemagne : toutefois on doit reconnaître
que, si ce genre de guerre ne convient ni à toutes
les capacités, ni à toutes les contrées, ni à toutes
les circonstances, ses chances n'en sont pas moins
les plus vastes, et qu'elles sont réellement fondées
sur l'application des principes : l'abus outré que
Napoléon fit de ce système, ne saurait détruire
les avantages réels qu'on pourrait en attendre
lorsqu'on saurait imposer une limite à ses succès, et mettre ses entreprises en harmonie avec
l'état respectif des armées et des nations voisines.

Les maximes que l'on pourrait donner sur ces
importantes opérations stratégiques, sont presque
tout entières dans ce que nous venons de dire sur
les points décisifs, et dans ce que nous exposerons
plus loin en parlant du choix des lignes d'opérations (Art. 21).

Pour ce qui concerne le choix des points objectifs, tout dépendra ordinairement du but de la
guerre, du caractère que les circonstances ou la
volonté des cabinets lui imprimeraient, enfin des
moyens de guerre des deux partis. Dans maintes
occasions où l'on aurait de puissants motifs de ne
rien donner au hasard, il serait plus prudent de
borner le but de la campagne à l'acquisition de
quelques avantages partiels, en ne visant alors
qu'à la prise de quelques villes, ou à obtenir l'évacuation de petites provinces limitrophes. Lorsque
au contraire on se sentirait les moyens de courir
de grandes chances avec espoir de succès, ce
sera, comme Napoléon, à la destruction de l'armée ennemie qu'il faudra songer. On ne pourrait
conseiller les manœuvres d'Ulm et de Jéna à l'armée qui marcherait uniquement pour assiéger
Anvers. Par des motifs tout différents, il n'eût pas
été prudent de les conseiller à l'armée française
au-delà du Niémen, à 500 lieues de ses frontières,
puisque les chances désastreuses eussent surpassé
de beaucoup tous les avantages qu'on aurait pu se
promettre.

Il est encore une sorte particulière de points
objectifs qu'on ne saurait passer sous silence; ce
sont ceux qui, ayant pour but un point militaire

quelconque, se rattachent néanmoins aux combinaisons de la politique bien plus qu'à celles de la stratégie; dans les coalitions surtout il est rare qu'ils ne jouent pas un très grand rôle, en influant sur les opérations et sur les combinaisons des cabinets : on pourrait donc les nommer *des points objectifs politiques.*

En effet, outre les rapports intimes qui existent entre la politique et la guerre pour la préparation de celle-ci, il se présente, dans presque toutes les campagnes, des entreprises militaires formées pour satisfaire à des vues politiques, souvent fort importantes, mais souvent fort peu rationnelles, et qui, stratégiquement parlant, conduisent à des fautes graves plutôt qu'à des opérations utiles. Nous nous bornerons à en citer deux exemples : l'expédition du duc de Yorck sur Dunkerque en 1793, inspirée aux Anglais par d'anciennes vues maritimes et commerciales, donna aux opérations des coalisés une direction divergente qui causa leur perte, et ce point objectif n'était bon sous aucun rapport militaire. L'expédition du même prince sur la Hollande en 1799, également dictée par les mêmes vues du cabinet de Londres corroborées par les arrière-pensées de l'Autriche sur la Belgique, ne fut pas moins funeste, car elle motiva la marche de l'archiduc Charles de Zurich sur Manheim, opération fort contraire aux intérêts manifestes des armées coalisées à l'époque où elle fut résolue.

Ces vérités prouvent que le choix des points objectifs politiques doit être subordonné aux intérêts de la stratégie, du moins jusqu'à ce que les grandes questions militaires soient décidées par les armes.

Au demeurant, ce sujet est si vaste et si compliqué qu'il serait absurde de vouloir le soumettre à des règles : la seule que l'on puisse proposer est celle que nous venons d'indiquer : pour la mettre en pratique il faut, ou que les points objectifs politiques adoptés dans le cours d'une campagne soient d'accord avec les principes de la stratégie, ou dans le cas contraire, qu'ils soient ajournés jusqu'après une victoire décisive. En appliquant cette maxime aux deux événements précités, on reconnaîtra que c'était à Cambray, ou au cœur de la France, qu'il fallait conquérir Dunkerque en 1793, et délivrer la Hollande en 1799 ; c'est-à-dire en réunissant les efforts de la coalition sur un point décisif des frontières, et en y frappant de grands coups. Du reste, les expéditions de cette nature rentrent presque toutes dans la classe des grandes diversions auxquelles nous consacrons un article spécial.

## ARTICLE XX.

·········

*Des fronts d'opérations, des fronts stratégiques, des lignes de défense et des positions stratégiques.*

Il est certains points de la science militaire qui ont tant d'affinité entre eux, que l'on est souvent tenté de les prendre pour une seule et même chose, bien qu'ils diffèrent au fond.

De ce nombre sont les fronts d'opérations, les fronts stratégiques, les lignes de défense et les positions stratégiques. On pourra s'assurer, par les observations suivantes, des rapports intimes et de la différence qui existent entre eux, et apprécier les motifs qui nous ont décidé à les réunir dans un même article.

———

*Des fronts d'opérations et fronts stratégiques.*

Dès qu'une armée est disposée sur la zone de l'échiquier qu'elle veut embrasser, soit pour attaquer soit pour se défendre, elle y occupe ordinairement des positions stratégiques ; nous dirons un peu plus loin ce qu'il faut entendre sous cette dénomination.

L'étendue du front qu'elles embrassent et qui fait face du côté de l'ennemi , se nommera le front stratégique. La portion de l'échiquier d'où l'ennemi pourra présumablement arriver sur ce front en une ou deux marches , sera le front d'opérations.

Il existe entre ces deux sortes de fronts une si grande analogie, que bien des militaires les ont confondues tantôt sous l'une de ces dénominations, tantôt sous l'autre. En prenant néanmoins les choses à la rigueur , il est incontestable que le nom de front stratégique convient mieux pour désigner celui des positions réelles occupées par l'armée, tandis que le nom de front d'opérations désignerait mieux cet espace géographique qui sépare les deux armées, s'étend à une ou plusieurs marches au-delà de chaque extrémité de leur front stratégique, et où il est probable enfin qu'elles viendront s'entre-choquer.

Ceci paraît si rationnel, que je n'hésiterais nullement à consacrer désormais cette double définition, si je ne craignais d'être encore accusé de m'attacher à des subtilités de terminologie par

trop minutieuses, car dans l'application pratique
que d'autres écrivains voudront faire de ces mots,
il est probable que plusieurs d'entr'eux continue-
ront à ne pas les distinguer, et les emploieront indistinctement pour formuler une même idée. Je me
contente donc de signaler la différence que l'on
pourrait assigner à ces deux expressions, et de
m'y conformer pour ma part autant que cela peut
se faire.

Dès que les opérations d'une campagne seront
sur le point de commencer, une des deux armées
prendra sans doute la résolution d'attendre l'ennemi; dès lors elle aura soin de s'assurer d'une
ligne de défense plus ou moins préparée à l'avance,
et qui pourra être soit sur la ligne même du front
stratégique, soit un peu plus en arrière. De là il résulte naturellement, que parfois ce front semblera
former également la ligne de défense, comme le cas
s'en présenta en 1795 et en 1796 sur la ligne du
Rhin qui servit à la fois de ligne de défense aux Autrichiens ainsi qu'aux Français, tandis que le front
stratégique et le front d'opérations des deux partis
se trouvaient aussi sur cette ligne. C'est sans doute
ce qui a fait confondre souvent ces trois choses,
qui pour se trouver réunies parfois dans une même
localité, n'en sont pas moins des choses fort diffé-

rentes. En effet, une armée n'a pas toujours une ligne de défense, surtout lorsqu'elle envahit un pays; elle n'a pas non plus de front stratégique lorsqu'elle se trouve réunie dans un seul camp, tandis qu'elle a toujours un front d'opérations.

La multiplicité des exemples ne pouvant rendre une démonstration que plus claire, j'en citerai encore deux pour faire juger la distinction proposée. Lors de la reprise des hostilités, à la fin de 1813, le front général d'opérations de Napoléon s'étendait d'abord depuis Hambourg jusqu'à Wittenberg, d'où il longeait la ligne des alliés jusque vers Glogau et Breslau, puisque sa droite était à Löwenberg; enfin il se rabattait en arrière sur la frontière de Bohême jusqu'à Dresde. Ses forces étaient réparties sur ce grand front en quatre masses, dont les positions stratégiques étaient intérieures ou centrales et présentaient trois fronts différents. Ramené plus tard derrière l'Elbe, sa ligne réelle de défense ne s'étendait alors qu'entre Wittenberg et Dresde, avec un crochet en arrière sur Marienberg; car Hambourg, et Magdebourg même, se trouvaient déjà en dehors de son échiquier stratégique, et il eût été perdu s'il eût songé à y porter ses opérations.

Comme autre exemple, je citerai sa position autour de Mantoue en 1796. Son front d'opéra-

tions s'étendait en réalité depuis les montagnes de
Bergame jusqu'à la mer Adriatique, tandis qu'au
besoin sa ligne réelle de défense était sur l'Adige
entre le lac de Garda et Legnago, ensuite sur le Mincio entre Peschiera et Mantoue, et que son front
stratégique variait selon ses positions.

Ce serait, du reste, faire injure à nos lecteurs
que d'insister plus long-temps sur ce point, et la
distinction de ces trois objets étant reconnue, il
ne nous reste qu'à les examiner séparément et à
présenter le petit nombre de maximes qui leur sont
communes, ou qui sont propres à chacun d'eux
en particulier.

Le front d'opérations étant donc l'espace géographique qui sépare le front stratégique des deux
armées et sur lequel elles peuvent venir se heurter,
il se trouve ainsi ordinairement établi à peu près
parallèlement à la base. Le front stratégique ef-
fectif, tout en embrassant un espace un peu moins
étendu que le front des opérations éventuelles ou
présumable, sera dans la même direction, et devra être ordinairement établi de manière à couper
transversalement la ligne principale d'opérations,
et à se prolonger au-delà des flancs de celle-ci
de manière à la couvrir autant que possible.

Toutefois la direction de ce front peut varier

aussi selon les projets que l'on forme , ' selon les attaques de l'ennemi, et il arrive assez fréquemment que l'on soit appelé à présenter au contraire un front perpendiculaire à la base et parallèle à la ligne d'opérations primitive.

Les changements de front stratégique sont en effet une des grandes manœuvres les plus importantes ; car, en formant ainsi une perpendiculaire avec sa propre base, on se rend maître de deux côtés de l'échiquier, et on place ainsi l'armée dans une situation presque aussi favorable que si elle avait une base à deux faces, selon ce qui a été expliqué à l'article 18, page 179, et démontré par la figure annexée à la page suivante.

Le front stratégique adopté par Napoléon dans sa marche sur Eylau présentait toutes ces particularités : ses pivots d'opérations étaient à Varsovie et à Thorn, ce qui faisait de la Vistule une sorte de base temporaire ; le front devint parallèle à la Narew, d'où Napoléon partit en s'appuyant sur Sierock, Pultusk et Ostrolenka, afin de manœuvrer par sa droite pour jeter les Russes sur Elbing et la mer Baltique. Dans de pareils cas, le front stratégique, pour peu qu'on trouvât un point d'appui sur sa nouvelle direction, produirait le même avantage que nous venons de signaler. Il faut seu-

14*

lement ne pas perdre de vue que, dans une semblable manœuvre, l'armée doit être sûre de pouvoir
au besoin regagner sa base temporaire; c'est-
à-dire qu'il est indispensable que cette base se
prolonge derrière le front stratégique et s'en
trouve ainsi couverte : Napoléon marchant de la
Narew par Allenstein sur Eylau, avait derrière sa
gauche la place de Thorn et, plus loin encore du
front de l'armée, la tête de pont de Praga et Varsovie; en sorte que ses communications étaient
parfaitement sûres, tandis que Beningsen, forcé
de lui faire face et de prendre sa ligne de combat
parallèlement à la Baltique, pouvait être coupé de
sa base et refoulé sur les bouches de la Vistule.
Napoléon exécuta un changement de front stratégique non moins remarquable dans sa marche
de Géra sur Jéna et Naumbourg, en 1806. Moreau
en fit un pareil en 1800, en se portant de l'Iller
par sa droite sur Augsbourg et Dillingen, faisant
face au Danube et à la France, et forçant par là
Kray à évacuer son fameux camp retranché d'Ulm.

On peut donner à son front stratégique une pareille direction perpendiculaire à sa base, soit par
un mouvement de conversion momentané, exé-
cuté pour une opération de quelques jours seulement, soit en l'adoptant pour un temps indéfini.

dans le but de mettre à profit les avantages majeurs que certaines localités pourraient offrir , pour frapper des coups décisifs ou procurer à l'armée une bonne ligne de défense et de bons pivots d'opérations qui équivaudraient presque à une base réelle.

Il arrive souvent qu'une armée est forcée d'avoir des doubles fronts stratégiques, soit par la configuration de certains théâtres de guerre, soit parce que toute ligne d'opérations offensive, un peu étendue en profondeur, exige d'être bien assurée sur ses flancs. Dans le premier cas, on peut citer pour exemple la frontière de Turquie et celle d'Espagne. Des armées qui voudraient franchir le Balkan ou l'Ebre seraient forcées d'avoir un double front, la première pour faire face à la vallée du Danube, l'autre pour faire face aux forces venant de Saragosse ou de Léon.

Toutes les contrées un peu vastes offrent plus ou moins cette même obligation ; par exemple : une armée française marchant dans la vallée du Danube aura toujours, soit du côté de la Bohème, soit du côté du Tyrol, la nécessité d'un double front stratégique, dès que les Autrichiens auraient jeté dans ces provinces des corps assez nombreux pour lui donner des inquiétudes sérieuses. Les

pays seuls, dont la frontière serait très étroite du
côté de l'ennemi, feraient exception, attendu que
les corps qu'on y laisserait en se retirant pour menacer les flancs de l'ennemi, seraient eux-mêmes
aisément coupés et pris. Cette nécessité des doubles fronts stratégiques est un des inconvénients
les plus graves pour une armée offensive, puisque
cela oblige à de grands détachements toujours
dangereux jusqu'à certain point, ainsi que nous le
démontrerons plus loin. ( Art. 36. )

Il va sans dire que tout ce qui précède se rapporte surtout aux guerres régulières entre diverses
puissances ; car, dans une lutte nationale ou dans
une guerre intestine, les hostilités embrassant
presque toute la surface du pays, les divers fronts
ne sauraient être circonscrits de la sorte. Cependant chaque grande fraction d'une armée qui
agirait partiellement dans un but déterminé, aurait presque toujours son front stratégique particulier qui serait déterminé autant par les localités
que par l'emplacement des forces ennemies qu'elle
serait appelée à combattre par grands rassemble-
ments ; ainsi, dans la guerre d'Espagne, Suchet en
Catalogne, Masséna en Portugal, avaient chacun
leur front stratégique, bien que d'autres corps de la
grande armée n'en eussent pas un bien déterminé.

## *Des lignes de défense.*

Les lignes de défense sont de plusieurs natures ; il y en a de stratégiques et de tactiques. Dans les premières , il y en a qui sont permanentes et tiennent au système de défense de l'état, comme les lignes de frontières fortifiées , etc. ; d'autres qui ne sont qu'éventuelles et se rapportent seulement à la position passagère où se trouve une armée.

Les lignes de frontières sont des lignes de défense permanentes , lorsqu'elles présentent un mélange d'obstacles naturels et artificiels, tels que des chaînes de montagnes , des grands fleuves et des forteresses , formant entre eux un système bien lié. Ainsi la chaîne des Alpes , entre le Piémont et la France , est une ligne de défense , puisque les passages praticables sont garnis de forts qui mettraient de grandes entraves aux entreprises d'une armée , et qu'au sortir des gorges, de grandes places d'armes couvrent encore les différentes vallées du Piémont. De même le Rhin, l'Oder, l'Elbe, peuvent à quelques égards être aussi considérés comme des lignes de défense permanentes, à cause des places importantes qui les couvrent.

Toutes ces combinaisons se rapportant plutôt au système des places qu'aux opérations d'une campagne, nous les traiterons à l'article des forteresses. (Art. 26.)

Quant aux *lignes de défense éventuelles*, on peut dire que toute rivière un peu large, toute chaîne de montagnes et tout grand défilé ayant sur leurs points accessibles quelques retranchements passagers, peuvent être regardés comme des lignes de défense à la fois stratégiques et tactiques, puisqu'elles servent à suspendre, durant quelques jours, la marche de l'ennemi, et l'obligent souvent à dévier de sa marche directe pour chercher un passage moins difficile : dans ce cas, elles procurent un avantage stratégique évident ; mais si l'ennemi les attaque de front et de vive force, alors il est constant qu'elles ont aussi un avantage tactique, puisqu'il est toujours plus difficile de forcer une armée derrière une rivière, ou dans un poste fort par la nature et par l'art, que de l'attaquer en plaine découverte.

Toutefois il ne faut pas s'exagérer cet avantage tactique, puisqu'on tomberait dans le système des positions ( starke Positionen ), qui a causé la ruine de tant d'armées ; car quelles que soient les difficultés de l'abord d'un camp défensif, il est certain

que celui qui y attendra passivement les coups de
son adversaire, finira par succomber (*). D'ailleurs, toute position très forte par la nature étant
d'un accès difficile (**), il est aussi difficile d'en
sortir que d'y arriver, et l'ennemi pourra avec peu
de monde en garder les issues et bloquer pour
ainsi dire l'armée dans sa position avec des forces
inférieures à ses défenseurs; c'est ce qui arriva
aux Saxons dans le camp de Pirna, et à Wurmser
dans Mantoue.

---

### *Des positions stratégiques.*

Il est une certaine disposition des armées à laquelle on peut donner le nom de position stratégique, pour la distinguer des positions tactiques
ou de combat. Les premières sont celles que l'on
prend pour un temps donné, afin d'embrasser le
front d'opérations sur une plus grande étendue
que cela n'aurait lieu pour combattre. Toutes les

---

(*) Il faut observer qu'il n'est pas question ici de camps fortifiés,
qui font une grande différence et seront traités à l'article 27.

(**) Il est question ici de positions pour camper et non de champs
de bataille, nous traiterons des positions de bataille au chapitre
de la grande tactique ( art. 30).

positions prises derrière un fleuve ou sur une ligne
de défense, dont les divisions seraient à certaine
distance, comptent dans ce nombre : celles que
les armées de Napoléon avaient à Rivoli, Véronne
et Legnago pour surveiller l'Adige, celles qu'il
avait en 1813 en Saxe et en Silésie en avant de sa
ligne de défense, étaient des positions stratégiques, aussi bien que celles des armées Anglo-
Prussiennes sur la frontière de Belgique avant la
bataille de Ligny (1814), et celle de Masséna sur
l'Albis le long de la Limmat et de l'Aar en 1799.
Même les quartiers d'hiver lorsqu'ils sont très
serrés et placés en face de l'ennemi sans être ga-
rantis par un armistice, ne sont autre chose que
des positions stratégiques; tels furent ceux de
Napoléon sur la Passarge dans l'hiver de 1807.
Les positions journalières qu'une armée prend
dans les marches qui ont lieu hors de portée de
l'ennemi, et qu'on étend parfois pour lui donner
le change ou pour faciliter les mouvements, appartiennent aussi à cette classe.

On voit donc que cette dénomination peut s'appliquer également à toutes les situations dans lesquelles une armée se trouverait soit pour couvrir
plusieurs points à la fois, soit pour former une
ligne d'observation quelconque, enfin pour toute

position d'attente. Ainsi les positions étendues sur une ligne de défense, les corps établis sur un double front d'opérations, ou couvrant un siége pendant que l'armée opère d'un autre côté, en un mot presque tous les grands détachements composés de fractions considérables d'une armée, sont également à ranger dans cette catégorie.

———

Les maximes que l'on pourrait donner sur les divers sujets qui précèdent sont en petit nombre, parce que les fronts, les lignes de défense et les positions stratégiques dépendent presque toujours d'une foule de circonstances combinées avec les localités qui varient à l'infini.

Pour les uns comme pour les autres, le premier des axiomes sera, qu'ils doivent offrir des liens sûrs de communication avec divers points de la ligne d'opérations.

Dans la défensive, il est avantageux que les fronts stratégiques et les lignes de défense aient sur les flancs, de même que sur le front, de grands obstacles naturels ou artificiels qui puissent servir de points d'appui. Les points d'appui que peut offrir un front stratégique se nomment aussi des *pivots d'opérations*, ce sont des bases partielles

pour un temps donné, et qu'il ne faut pas confondre avec les pivots d'une manœuvre. Par
exemple, dans la campagne de 1796, Véronne fut
un excellent pivot d'opérations pour toutes les entreprises que Napoléon fit autour de Mantoue pendant huit mois entiers. Dresde était de même en
1813 le pivot de tous ses mouvements. Ces points
sont des places d'armes passagères ou éventuelles.

Les pivots de manœuvres sont des corps mobiles
qu'on laisse sur un point dont l'occupation est
essentielle, pendant que le gros de l'armée marche
à de grandes entreprises; ainsi le corps de Ney
était le pivot de la manœuvre que Napoléon fit par
Donavert et Augsbourg pour couper Mack de sa
ligne de retraite; ce corps, porté à cinq divisions,
masquait Ulm et gardait la rive gauche du Danube.
La manœuvre finie, le pivot cesse d'exister, tandis
qu'un pivot d'opérations est un point matériel,
avantageux sous le double rapport stratégique et
tactique, et qui sert d'appui pour toute une période de la campagne.

Quant à la ligne de défense, la qualité la plus
désirable selon moi est, que cette ligne soit aussi
peu étendue que possible; car plus elle sera rétrécie, plus facilement l'armée la couvrira si elle
est rejetée sur la défensive. Il convient aussi que

le front stratégique ait une étendue assez bornée pour que l'on puisse réunir les fractions qui le composent, sur un point opportun, aussi promptement que possible. Pour le front d'opérations il n'en est pas tout-à-fait de même, car si ce front était trop rétréci, il serait difficile à une armée offensive de faire des manœuvres stratégiques qui pussent amener de grands résultats, vu que ce front rétréci offrirait à l'armée défensive les moyens de le couvrir plus aisément. Toutefois un trop grand front d'opérations ne convient pas non plus aux succès des opérations stratégiques offensives; car une étendue trop immense donnerait à l'ennemi, sinon une bonne ligne de défense, du moins des espaces assez vastes pour se soustraire aux résultats d'une manœuvre stratégique bien combinée. Ainsi les belles opérations de Marengo, d'Ulm, de Jéna, n'auraient pas eu de pareils résultats sur un théâtre aussi étendu que celui de la guerre de Russie en 1812, parce que l'armée, coupée de sa principale ligne de retraite, aurait pu en trouver une autre en se rejetant sur une zone différente de celle qu'elle avait primitivement adoptée.

Les positions stratégiques offrent, à peu de chose près, les mêmes combinaisons. Les conditions essentielles pour toute position pareille sont, qu'elle

soit plus concentrée que les forces de l'ennemi
auquel elle serait opposée, et que toutes les parties
de l'armée aient des communications faciles et
sûres pour pouvoir se réunir sans que l'ennemi fût
en état d'y mettre opposition : ainsi, à forces à peu
près égales, toutes les positions centrales ou intérieures seraient préférables aux positions extérieures, puisque ces dernières embrasseraient nécessairement un front beaucoup plus étendu et
occasionneraient un morcellement de forces toujours dangereux. La grande mobilité des parties
qui composent une position stratégique peut aussi
contribuer à leur sécurité ou même à leur supériorité sur l'ennemi, par l'emploi alternatif et successif des forces sur les différents points de l'échiquier qui résultera de cette activité dans les mouvements. Enfin une armée ne saurait occuper
sûrement une position stratégique, sans prendre
la précaution d'avoir une ou deux positions tactiques reconnues d'avance, à l'effet d'y réunir l'armée, de recevoir l'ennemi et de le combattre avec
toutes les forces disponibles lorsque ses projets
seraient bien démasqués : c'est ainsi que Napoléon
avait préparé ses champs de bataille de Rivoli et
d'Austerlitz, Wellington celui de Waterloo, et
l'archiduc Charles celui de Wagram.

Soit qu'une armée campe, soit qu'elle trouve à proximité de ses positions des cantonnements assez serrés pour y placer du moins une partie de ses forces, le général doit surtout veiller à ce que ces positions soient établies de manière à ne pas être trop étendues en front; une surface que l'on pourrait nommer en quelque sorte le carré stratégique, et qui présenterait trois faces à peu près égales, paraît le mode préférable; car toutes les divisions n'auraient qu'un espace moyen à parcourir pour arriver de tous les points du carré vers le centre commun qui serait destiné à recevoir le choc.

Comme d'ailleurs ces positions stratégiques tiennent à peu près à toutes les combinaisons d'une guerre, elles se représenteront dans la plupart des articles qui traitent de ces diverses combinaisons, et nous ne saurions rien ajouter de saillant sur cet objet, sans tomber dans des redites inutiles.

Avant de quitter des sujets qui se confondent souvent dans les mêmes combinaisons, je dois dire encore deux mots sur les lignes de défense stratégiques. Il est incontestable que chacune de ces lignes doit avoir aussi sur son développement, un point particulier qui devra servir de ralliement pour la défense tactique, lorsqu'il s'agira de combattre sérieusement l'ennemi qui serait parvenu à franchir le front de la position stratégique. Par exemple, toute armée gardant une portion considérable du cours d'une rivière, ne pouvant tenir en forces toute l'étendue de cette ligne, devra avoir, un peu en arrière du centre, un champ de bataille bien choisi d'avance pour y recueillir ses divisions d'observation, et opposer ainsi toutes ses forces concentrées à l'ennemi. Je n'observerai rien sur ces positions de combat qui, rentrant dans le domaine de la tactique, seront traités à l'article 30, et je ne dois parler ici que des lignes de défense stratégiques.

Une seule remarque nous reste à faire sur ces dernières, c'est qu'une armée offensive, entrant dans un pays avec l'intention de le soumettre ou même seulement de l'occuper temporairement, agira toujours avec prudence, quelque grands qu'aient été ses succès antérieurs, en se préparant une bonne ligne de défense pour lui servir au besoin de refuge dans le cas où un revers de fortune viendrait à changer la face des affaires. Ces lignes rentrant du reste dans la combinaison des bases temporaires ou éventuelles dont nous parlerons à l'article 23, nous nous bornerons à les indiquer ici pour compléter l'aperçu que nous donnons. Dans une science où tout se lie si étroitement, ces répétitions sont un inconvénient inévitable.

## ARTICLE XXI.

••••••••

### *Des zones et des lignes d'opérations.*

On doit entendre, par zone d'opérations, une certaine fraction du théâtre de la guerre, qui serait parcourue par une armée dans un but déterminé, soit qu'elle agisse isolément, soit que ses mouvements fussent combinés avec celui d'une armée secondaire. Par exemple, dans l'ensemble du plan de campagne de 1796, l'Italie était la zone d'opérations de la droite; la Bavière était celle de l'armée du centre (Rhin-et-Moselle); enfin la Franconie était la zone de l'armée de gauche (Sambre-et-Meuse).

Une zone d'opérations peut quelquefois ne présenter qu'une seule ligne d'opérations, tant par la configuration même de la contrée, que par le petit nombre de routes praticables pour une armée qui s'y trouveraient. Mais ce cas est rare, et la zone présentera ordinairement plusieurs lignes d'opérations, dont le nombre dépendra en partie des projets du général, en partie du nombre des grandes communications qu'offrira le théâtre de ses entreprises.

On ne doit pas en conclure néanmoins que chaque chemin soit en lui-même une ligne d'opérations : sans doute, d'après la tournure que prendraient les événements de la guerre, chaque bonne route d'abord inoccupée pourrait devenir momentanément une ligne d'opérations ; mais tant qu'elle ne serait suivie que par des détachements de coureurs ou qu'elle se trouverait dans une direction hors de la sphère des principales entreprises, il serait absurde de la confondre avec la ligne réelle d'opérations. Outre cela, trois ou quatre routes praticables, qui se trouveraient à une ou deux marches seulement l'une de l'autre et conduiraient à un même front d'opérations, ne formeraient pas trois lignes d'opérations ; car ce nom n'appartient qu'à un espace suffisant pour que le centre et les deux ailes d'une armée puissent s'y mouvoir dans la sphère d'une ou deux marches de chacune de ces ailes, ce qui suppose au moins l'existence de trois ou quatre chemins menant au front d'opérations.

On peut inférer de là que, si les mots de zone et de lignes d'opérations ont été jusqu'à présent confondus et employés souvent l'un pour l'autre, il en a été de même pour les lignes d'opérations, les lignes stratégiques et les chemins de communication éventuels.

Je crois donc que le mot de *zones d'opérations* doit être employé pour désigner une grande fraction du théâtre général de la guerre ; celui de *lignes d'opérations* désignera la partie de cette grande fraction que l'armée embrassera dans ses entreprises, soit qu'elle suive plusieurs routes, soit qu'elle n'en suive qu'une : le mot de *lignes stratégiques* désignerait alors les lignes importantes qui lient les divers points décisifs du théâtre de la guerre, soit entre eux, soit avec le front d'opérations de l'armée : enfin par la même raison on donnerait aussi ce nom aux lignes que suivrait l'armée pour atteindre un de ces points, ou marcher à une manœuvre décisive, en déviant pour un moment de la ligne principale d'opérations. Enfin le nom de *lignes de communications* conviendra pour désigner les routes praticables qui lieraient les différentes fractions de l'armée réparties dans l'étendue de la zone d'opérations (*).

---

(*) Cette définition, qui diffère un peu de celle que j'avais d'abord donnée, me semble satisfaire à toutes les exigences ; j'aurai occasion de la développer successivement dans le présent article et dans celui qui suit

Citons encore un exemple pour rendre ces idées plus claires. En 1813, après que l'Autriche eut accédé à la grande coalition contre Napoléon, trois armées alliées durent envahir la Saxe, une autre la Bavière, une autre l'Italie : ainsi la Saxe, ou pour mieux dire le pays situé entre Dresde, Magdebourg et Breslau, formait donc la *zone d'opérations* de la masse principale. Cette zone avait trois *lignes d'opérations* conduisant au point objectif de Leipzig ; la première était celle de l'armée de Bohême, menant des montagnes de l'Erzgebirge par Dresde et Chemnitz sur Leipzig ; la seconde était la ligne d'opérations de l'armée de Silésie, allant de Breslau par Dresde ou par Wittemberg sur Leipzig ; enfin la troisième était la ligne d'opérations de l'armée du prince de Suède, partant de Berlin pour aller par Dessau au même point objectif. Chacune de ces armées marchait sur deux ou trois routes parallèles et peu distantes l'une de l'autre ; cependant on ne pourrait pas dire qu'elle avait trois lignes d'opérations.

Cet exemple suffira j'espère pour démontrer que cette désignation ne saurait convenir à chaque chemin qui se trouverait sur le théâtre de la guerre, mais bien à la portion de ce théâtre que les projets du général auront embrassée et où il aura dirigé tous ses moyens de guerre. Celle-ci sera alors sa ligne principale d'opérations, c'est-à-dire celle que suivra le gros de ses forces, celle où il aura établi ses étapes, échelonné ses parcs de munitions et de vivres, où il trouvera au besoin sa ligne de retraite.

Cette distinction paraissant bien établie, il nous reste à parler des conceptions scientifiques qui se rapportent à ces lignes matérielles, car les calculs qui doivent présider au choix, à l'établissement et surtout à la direction de ces lignes, sont peut-être la partie la plus importante d'un plan de guerre.

Cherchant à distinguer par un seul mot les lignes matérielles, de toutes les combinaisons de l'art qui s'y rattachent, j'avais jadis donné à celles-ci le nom de *lignes-manœuvres*, et aux premières celui de *lignes territoriales*. C'était, à mon avis, le vrai moyen de résumer, par une seule expression technique, les diverses conceptions straté-giques qu'un général peut imaginer pour choisir ses lignes de la manière la plus habile, la plus conforme aux principes, et la plus propre à donner de grands résultats. En effet, ces conceptions pouvant être considérées comme autant de ma-nœuvres différentes les unes des autres, le mot de

lignes-manœuvres n'avait rien que de très rationnel. Toutefois, comme plusieurs militaires,
au lieu de s'attacher à saisir le sens figuré qu'il
renferme, ont trouvé plus simple de m'opposer
cette vérité triviale qu'une ligne ne saurait être
une manœuvre, j'abandonne volontiers cette dénomination conventionnelle, pour ne la donner
désormais qu'aux lignes stratégiques instantanées
qu'on adopte souvent pour une manœuvre passagère; lignes qu'il faut se garder de confondre avec
la véritable ligne d'opérations, et qui feront le
sujet de l'article 22.

---

### *Combinaisons stratégiques du choix et de la direc-*
### *tion des lignes d'opérations.*

Si le choix d'une zone d'opérations offre des
combinaisons très bornées, en ce qu'il n'existe
jamais que deux ou trois de ces zones sur chaque
théâtre d'opérations, et que leurs avantages dépendent le plus souvent des localités, il n'en est
pas tout-à-fait de même des lignes d'opérations,
car leurs rapports avec les diverses positions de
l'ennemi, avec les communications plus ou moins
nombreuses de l'échiquier stratégique, et avec les

manœuvres projetées par le général en chef, les divisent en autant de classes différentes, qui reçoivent leurs noms de ces mêmes rapports.

Nous appellerons *lignes d'opérations simples*, celles d'une armée agissant sur la même direction d'une frontière, sans former de grands corps indépendants.

Par *lignes d'opérations doubles*, j'entends celles que formeraient deux armées indépendantes l'une de l'autre sur une même frontière, ou aussi celles que suivraient deux masses à peu près égales en forces et obéissant néanmoins à un même chef, mais agissant séparément à de grandes distances et pour un long espace de temps (*).

---

(*) On a critiqué cette définition, et comme elle a pu en effet donner lieu à des méprises, je crois devoir l'expliquer.

D'abord il faut ne pas oublier qu'il s'agit de lignes-manœuvres, c'est-à-dire de combinaisons, et non de grands chemins. Ensuite il faut admettre aussi qu'une armée marchant par deux ou trois routes peu distantes les unes des autres, de manière à se réunir en deux fois vingt-quatre heures, n'a pas pour cela trois lignes d'opérations-manœuvres. Lorsque Moreau et Jourdan entrèrent en Allemagne avec deux masses de 70 mille hommes indépendantes l'une de l'autre, ils formaient bien une ligne double; mais une armée française dont un détachement seulement partirait du Bas-Rhin pour marcher sur le Meyn, tandis que cinq ou six autres corps marcheraient du Haut-Rhin sur Ulm, ne formerait pas pour cela une double ligne d'opérations dans le sens que je donne à ce mot pour

*Les lignes d'opérations intérieures* sont celles qu'une ou deux armées formeront pour s'opposer à plusieurs masses ennemies, mais auxquelles on donnerait une direction telle, que l'on pût rapprocher les différents corps et lier leurs mouvements avant que l'ennemi eût la possibilité de leur opposer une plus grande masse (*).

*Les lignes extérieures* présentent le résultat opposé; ce sont celles qu'une armée formera en même temps sur les deux extrémités d'une ou de plusieurs masses ennemies.

---

désigner une manœuvre. De même Napoléon, réunissant sept corps pour marcher par Bamberg sur Géra, pendant que Mortier avec un corps seulement marchait sur Cassel pour occuper la Hesse et flanquer l'entreprise principale, ne formait bien qu'une ligne générale d'opérations avec un détachement accessoire. La ligne territoriale se composait de deux rayons, mais l'opération n'était pas double.

(*) Quelques écrivains allemands ont dit que je confondais les positions centrales (Central-Stellungen), avec la ligne d'opérations. En cela ils ont tort; une armée peut avoir une position centrale en présence de deux corps ennemis, et ne pas avoir des lignes d'opérations intérieures, ce sont deux choses fort différentes. D'autres ont prétendu que j'aurais pu aussi bien employer le nom de rayons d'opérations pour désigner ce que j'entends par lignes doubles, etc.; quant à ceux-ci, leur raisonnement est plus spécieux, surtout si l'on veut figurer le théâtre d'opérations par un cercle : mais comme tout rayon est une ligne, je crois que c'est une dispute de mots.

*Les lignes d'opérations concentriques* sont plusieurs lignes qui partent de points éloignés pour arriver sur un même point, en avant ou en arrière de leur base.

On entend par *lignes divergentes* celles que prendra une seule masse partant d'un point donné, et se divisant pour se porter sur plusieurs points divergents.

*Les lignes profondes* sont celles qui, partant de leur base, parcourent une grande étendue de terrain pour arriver à leur but.

J'emploierai le mot de *lignes secondaires* pour désigner les rapports de deux armées entre elles, lorsqu'elles agissent dans une sphère à pouvoir se prêter un mutuel appui ; ainsi l'armée de Sambre-et-Meuse était, en 1796, ligne secondaire de l'armée du Rhin ; en 1812, l'armée de Bagration était secondaire de l'armée de Barclay.

*Les lignes accidentelle* sont celles amenées par des événements qui font changer le plan primitif de campagne et donnent une nouvelle direction aux opérations. Ces dernières sont rares et d'une haute importance ; elles ne sont ordinairement bien saisies que par un génie vaste et actif.

Enfin on pourrait même ajouter à cette nomenclature les *lignes d'opérations provisoires*, et les *lignes définitives* : les premières désigneraient celles qu'une armée suit pour marcher à une première entreprise décisive, sauf à en adopter une plus solide ou plus directe après les premiers succès : mais elles semblent appartenir autant à la classe des lignes stratégiques éventuelles, qu'à celle des lignes d'opérations.

Ces définitions prouvent assez combien mes idées diffèrent de celles des auteurs qui m'ont devancé. En effet, on a considéré ces lignes sous les rapports matériels seulement : Lloyd et Bulow ne leur ont donné qu'une valeur relative aux magasins et aux dépôts des armées ; le dernier a même avancé *qu'il n'y avait plus de lignes d'opérations lorsque l'armée campait près de ses magasins.* L'exemple suivant suffira pour détruire ce paradoxe. Je suppose deux armées campées, la première sur le Haut-Rhin, la seconde en avant de Dusseldorf ou tout autre point de cette frontière ; j'admets que leurs grands dépôts soient immédiatement au-delà du fleuve, ce qui est sans contredit la position la plus sûre, la plus avantageuse et la plus rapprochée qu'il soit possible de leur supposer. Ces armées auront un but offensif ou défensif ; dès-lors elles auront incontestablement des lignes d'opérations qui se rapporteront aux diverses entreprises projetées :

1° Leur ligne territoriale défensive partant du point où elles se trouvent, ira jusqu'à celui de seconde ligne qu'elles doivent couvrir; or, elles en seraient coupées l'une et l'autre, si l'ennemi venait à s'établir dans l'intervalle qui les en sépare. Mélas aurait eu pour un an de munitions dans Alexandrie, qu'il n'eût pas moins été coupé de sa base du Mincio, dès que l'ennemi victorieux occupait la ligne du Pô (*).

2° Leur ligne serait double contre une simple, si l'ennemi concentrait ses forces pour accabler successivement ces armées; elle serait double extérieure contre double intérieure, si l'ennemi faisait aussi deux corps, mais qu'il leur donnât une direction telle qu'il pût réunir plus promptement la masse de ses forces.

Ce que Bulow aurait pu dire avec plus de vérité, c'est qu'une armée agissant dans son propre pays,

(*) On a cru que ceci pouvait être sujet à contestation; je ne le pense pas : Mélas, privé de recrutement, resserré entre la Bormida, le Tanaro et le Pô, pouvant à peine recevoir des émissaires ou des courriers, aurait toujours dû finir par se faire jour ou par capituler, s'il n'était pas secouru.

est moins dépendante de sa ligne d'opérations primitive, que si elle guerroyait sur le sol étranger; car elle peut trouver, dans toutes les directions de son territoire, une partie des avantages et des points d'appui que l'on recherche dans l'établissement d'une ligne d'opérations; elle pourrait perdre celle-ci sans courir autant de dangers; mais cela ne veut pas dire néanmoins qu'elle n'ait aucune ligne d'opérations.

Il paraît donc que Bulow est parti d'une base inexacte; son ouvrage a dû nécessairement s'en ressentir et renfermer des maximes parfois erronées. Nous allons essayer d'en tracer quelques-unes qui nous semblent plus conformes aux principes généraux de la guerre, et pour les appuyer d'une série de preuves qui ne laisse rien à désirer, nous reproduirons ici l'analyse déjà présentée des lignes d'opérations suivies dans les dernières guerres du 18ᵉ siècle, en nous bornant toutefois à celles de la révolution de France; (on pourra recourir pour celles de la guerre de sept ans au chap. 14, du Traité des grandes opérations militaires). Cet ensemble complétera ce que nous avons à dire ici sur l'article important qui fait à notre avis la base des premières combinaisons stratégiques.

*Observations sur les lignes d'opérations des guerres*
*de la révolution française.*

Au commencement de cette lutte terrible, qui eut des chances si variées, la **Prusse** et l'**Autriche** étaient les seuls ennemis connus de la **France**, et le théâtre de la guerre ne s'étendait en Italie que pour s'observer réciproquement, attendu que ce pays était trop éloigné du but. Le développement de l'échiquier d'opérations, comprenant l'espace qui s'étend depuis **Huningue** jusqu'à **Dunkerque**, présentait trois zones principales : celle de droite renfermait la ligne du **Rhin**, depuis **Huningue** jusqu'à **Landau**, et de là à la **Moselle**; celle du centre était formée de l'intervalle entre la **Moselle** et la **Meuse**; celle de gauche comprenait l'étendue des frontières de **Givet** à **Dunkerque**.

Lorsque la **France** déclara la guerre, au mois d'avril **1792**, son intention était de prévenir la réunion de ses ennemis; elle avait alors **100** mille hommes sur l'étendue des trois zones dont nous venons de parler, et les **Autrichiens** n'en avaient pas au-delà de **35** mille dans la **Belgique**. Il est donc impossible de pénétrer le motif qui empêcha les **Français** de conquérir cette province, où rien

ne leur eût résisté. Il se passa quatre mois entre
la déclaration de guerre et le rassemblement des
forces alliées. N'était-il pas probable, néanmoins,
que l'invasion de la Belgique eût empêché celle de
la Champagne, en donnant au roi de Prusse la
mesure des forces de la France, et l'engageant
à ne pas sacrifier ses armées pour l'intérêt secondaire de lui imposer une forme de gouvernement?
Et si cette invasion de la Champagne n'eût pas
les suites que tout le monde s'en promettait,
à quoi a-t-il tenu qu'elle ne changeât la face de
l'Europe?

Lorsque les Prussiens arrivèrent vers la fin de
juillet à Coblentz, il est certain que les Français ne
pouvaient plus faire la guerre d'invasion, et que
ce rôle était destiné aux armées coalisées : on sait
de quelle manière elles s'en acquittèrent.

Les forces des Français sur le développement
des frontières dont nous avons parlé, s'élevaient
alors à 115 mille hommes environ. Répandues sur
un front de 140 lieues, divisées en cinq corps
d'armée, il était impossible que ces forces pussent
présenter une résistance bien efficace; car pour
les empêcher d'agir, il suffisait d'opérer sur le
centre et de s'opposer à leur jonction. A cette
raison militaire venaient se réunir toutes les rai-

sons d'état ; le but qu'on se proposait était entièrement politique ; on ne pouvait l'atteindre que
par des opérations rapides et vigoureuses : la ligne
territoriale située entre la **Moselle** et la **Meuse**,
qui formait celle du centre, moins fortifiée que le
reste de cette frontière, présentait en outre aux
alliés l'excellente place de **Luxembourg** pour
base ; elle fut donc choisie avec discernement ;
nous allons voir que l'exécution ne répondit pas
au plan.

La cour de **Vienne** avait le plus grand intérêt
à cette guerre, à cause de ses relations de famille
et des dangers auxquels ses provinces eussent été
exposées en cas de revers. Par une spéculation
politique dont il serait difficile de se rendre
compte, le rôle principal fut néanmoins aban-
donné aux **Prussiens** ; la maison d'**Autriche** ne
coopéra à l'invasion qu'avec une trentaine de bataillons ; 45 mille hommes restèrent en observation
dans le **Brisgau**, sur le **Rhin** et en **Flandre**. Où se
tenaient donc cachées les forces imposantes que
cette puissance déploya dans la suite ? Quelle destination plus utile à leur assigner que celle d'assurer les flancs de l'armée d'invasion ? Ce système
étonnant, que l'**Autriche** paya d'ailleurs très cher,
n'expliquerait-il pas la résolution des **Prussiens**,

de sortir plus tard de la scène, qu'ils quittèrent malheureusement pour eux à l'instant même où ils auraient dû y entrer.

Si je me suis laissé entraîner à cette observation étrangère à l'art, c'est qu'elle est étroitement liée avec l'existence d'un corps qui aurait dû couvrir, non pas le Brisgau, mais le flanc des Prussiens, en faisant face à la Moselle et contenant Luckner au camp de Metz. Il faut néanmoins convenir que l'armée prussienne ne mit pas, dans ses opérations, toute l'activité nécessaire pour en assurer la réussite ; elle resta huit jours dans son camp de Kons assez inutilement ; si elle avait prévenu Dumouriez aux Islettes, ou qu'elle eût tenté plus sérieusement de l'en chasser, elle aurait eu encore tout l'avantage d'une masse concentrée contre plusieurs divisions isolées, pour les accabler successivement et rendre leur réunion impossible. Je crois que Frédéric, en pareil cas, eût justifié le propos de Dumouriez (celui-ci disait à Grand-pré que s'il avait eu affaire au grand roi, il se trouverait déjà repoussé bien loin derrière Châlons).

Les Autrichiens prouvèrent, dans cette campagne, qu'ils étaient alors encore imbus du faux système de Daun et de Lascy, de tout couvrir pour tout garder. L'idée d'avoir 20 mille hommes dans le **Brisgau**, tandis que la **Moselle** et la **Sarre** restaient dégarnies, démontre qu'ils eurent peur de perdre un village, et que ce système les engagea à former ces grands détachements qui ruinent les armées. Oubliant que les gros bataillons ont toujours raison, ils crurent qu'il fallait occuper tout le développement des frontières pour qu'elles ne fussent pas envahies, tandis que c'est un moyen de les rendre accessibles sur tous les points.

Je ne m'étendrai pas davantage ici sur cette campagne; j'observerai seulement que Dumouriez abandonna sans motif la poursuite de l'armée alliée, pour transférer le théâtre de la guerre du centre à l'extrême gauche de l'échiquier général : d'ailleurs il ne sut pas donner un grand but à ce mouvement, et alla attaquer de front l'armée du duc de **Saxe-Teschen** vers **Mons**, tandis qu'en descendant la **Meuse** sur **Namur** avec sa masse, il aurait pu la refouler sur la mer du Nord, vers **Nieuport** ou **Ostende**, et l'anéantir entièrement par une bataille plus heureuse que celle de **Jemmapes**.

La campagne de 1793 offre un nouvel exemple de l'influence de la mauvaise direction des opérations : les Autrichiens remportèrent des victoires,

et reprirent la Belgique, parce que Dumouriez
étendit maladroitement le front de ses opérations
jusqu'aux portes de Rotterdam. Jusque là, on ne
saurait donner que des éloges aux alliés ; le désir
de reconquérir ces riches contrées justifie cette entreprise, qui fut sagement dirigée contre l'extrème
droite du grand front de Dumouriez. Mais lorsqu'ils eurent repoussé l'armée française sous le
canon de Valenciennes ; lorsque celle-ci, désorga-
nisée, livrée à tous les ravages de l'anarchie qui
désolait l'intérieur, se trouvait hors d'état de
résister, pourquoi rester six mois devant quelques
places, et laisser au comité de salut public le
temps de former de nouvelles armées ? Lorsqu'on
se rappelle la situation déplorable de la France,
et l'état de dénûment des débris de l'armée de
Dampierre, peut-on concevoir quelque chose
aux parades des alliés devant les places de la
Flandre ?

La guerre d'invasion est surtout avantageuse,
lorsque l'empire qu'on attaque est tout entier dans
la capitale. Sous le gouvernement d'un grand
prince, et dans les guerres ordinaires, le chef-
lieu de l'empire est au quartier général ; mais
sous un prince faible, dans un état républicain,
et plus encore dans une guerre d'opinions, la ca-

pitale est ordinairement le centre de la puissance nationale (*).

Si cette vérité avait pu être mise en doute, elle eût été justifiée dans cette occasion. La France était tellement dans Paris, que les deux tiers de la nation avaient levé l'étendard contre le gouvernement qui l'opprimait. Si, après avoir battu l'armée française à Famars, on eût laissé les Hollandais et les Hanovriens en observation devant ses débris; que les Anglais et la grande armée autrichienne eussent dirigé leurs opérations sur la Meuse, la Sarre et la Moselle, de concert avec l'armée prussienne et une partie de l'armée inutile du Haut–Rhin, il est certain qu'une masse de 120 mille hommes aurait pu agir avec deux corps de flancs pour couvrir sa ligne d'invasion. Je pense même que sans changer la direction de la guerre, ni courir de grands risques, on aurait pu laisser aux Hollandais et Hanovriens, le soin de masquer Maubeuge et Valenciennes, afin de pour-

---

(*) La prise de Paris par les alliés décida du sort de Napoléon; mais cette circonstance ne détruit par mon assertion. Napoléon, sans armée, avait toute l'Europe sur les bras, et la nation elle-même avait séparé sa cause de la sienne. S'il avait eu 50 mille vieux soldats de plus, on eût bien vu que sa capitale était vraiment au quartier général.

suivre, avec le gros de l'armée, les débris de celle de Dampierre. *Mais après plusieurs victoires, 200 mille hommes furent occupés à faire des siéges sans gagner un pouce de terrain.* Au moment où ils menaçaient d'envahir la France, ils établirent 15 ou 16 corps dans des positions défensives pour couvrir leur propre frontière! Lorsque Valenciennes et Mayence eurent succombé, au lieu de fondre de toutes leurs forces sur le camp de Cambrai, ils coururent exentriquement, à Dunkerque d'un côté, et à Landau de l'autre.

Il n'est pas moins étonnant qu'après avoir fait, au commencement de la campagne, les plus grands efforts sur la droite de l'échiquier général, on les ait portés ensuite sur l'extrème gauche ; ainsi, tandis que les alliés agissaient en Flandre, les forces imposantes qui étaient sur le Rhin ne les secondaient point, et lorsque ces forces opérèrent offensivement à leur tour, les alliés restèrent dans l'inaction sur la Sambre. Ces fausses combinaisons ne ressemblent-elles pas à celles de Soubise et de Broglie en 1761, ainsi qu'à toutes les opérations de la guerre de sept ans?

En 1794, la scène change totalement de face. Les Français passent d'une défensive pénible à une offensive brillante. Les combinaisons de cette cam-

pagne ont été sans doute bien établies ; mais on les
a exagérées en les présentant comme un nouveau
système de guerre. Pour s'assurer de la justesse de
mon assertion , jetons les yeux sur la position respective des armées dans cette campagne et dans
celle de 1757 ; on voit qu'elle était à peu près la
même et que la direction des opérations se res-
semble absolument. Les Français avaient quatre
corps qui se réunirent en deux grandes armées ;
comme le roi de Prusse avait quatre divisions qui
formèrent deux armées au déboucher des montagnes. Les deux grands corps prirent à leur tour
une direction concentrique en 1794 sur Bruxelles,
comme Frédéric et Schwérin l'avaient prise en
1757 sur Prague. La seule différence qui existe
entre ces deux plans , c'est que les troupes autri-
chiennes , moins disséminées , avaient en Flandre
une position moins étendue que celle de Brown en
Bohême ; mais cette différence n'est certainement
pas en faveur du plan de 1794. Ce dernier avait de
plus contre lui la position de la mer du Nord : pour
déborder la droite des Autrichiens , on osa faire
filer le général Pichegru entre les rives de cette
mer et la masse des forces ennemies ; direction la
plus dangereuse et la plus fautive que l'on puisse
donner aux grandes opérations. Ce mouvement est

absolument le même que celui de Benningsen sur
la Basse-Vistule, qui faillit compromettre l'armée
russe en 1807. Le sort de l'armée prussienne,
rejetée sur la Baltique après avoir été coupée de
ses communications, est une autre preuve de cette
vérité.

Si le prince de Cobourg avait opéré comme on
l'a fait de nos jours, il eût aisément fait repentir
Pichegru, qui exécuta cette manœuvre audacieuse
un mois avant que Jourdan ne fût en mesure de le
seconder. La grande armée autrichienne, destinée à l'offensive, était au centre, devant Landrecies; elle se composait de 106 bataillons et 150
escadrons; elle avait sur son flanc droit le corps
de Clairfayt pour couvrir la Flandre, et à sa gauche le corps du prince de Kaunitz pour couvrir
Charleroi. Le gain d'une bataille sous les murs de
Landrecies lui en fit ouvrir les portes; on trouva
sur le général Chapuis le plan de la diversion en
Flandre, et l'on envoya à Clairfayt *douze bataillons.* Long-temps après, et lorsqu'on eut connaissance des succès des Français, le corps du duc
d'York marcha à son secours. Mais que faisait
alors le reste de l'armée devant Landrecies, puisque le départ de ces forces l'obligeait à retarder
son invasion? Le prince de Cobourg ne perdit-il

pas tous les avantages de sa position centrale, en laissant battre successivement tous ses gros détachements et consolider les Français en Belgique? Enfin l'armée se mit en mouvement, après avoir envoyé une partie de ses forces au prince de Kaunitz à Charleroi, et laissé une division à Cateau. Si, au lieu de morceler cette grande armée, on l'eût dirigée de suite sur Turcoing, on pouvait y réunir 100 bataillons et 140 escadrons. Quel résultat eût alors obtenu la fameuse diversion de Pichegru, coupée de ses frontières et resserrée entre la mer du Nord et deux forteresses ennemies?

Le plan d'invasion des Français n'eût pas seulement le défaut radical de toutes les lignes extérieures; il pécha encore dans l'exécution : la diversion sur Courtray eut lieu le 26 avril, et Jourdan n'arriva à Charleroi que le 3 juin, plus d'un mois après. Quelle belle occasion pour les Autrichiens de profiter de leur position centrale. Je pense que si l'armée prussienne avait manœuvré par sa droite, et l'armée autrichienne par sa gauche, c'est-à-dire toutes deux sur la Meuse, les affaires auraient pris une tournure bien différente. En effet, s'établissant sur le centre d'une ligne disséminée, leur masse aurait certainement empêché la réunion de ses différentes parties. Il peut être dangereux, en bataille rangée, d'attaquer le centre d'une armée en ligne contiguë, qui a la facilité d'être soutenu simultanément par ses ailes et toutes les réserves ; mais il en est bien autrement d'une ligne de 130 lieues.

En 1795, la Prusse et l'Espagne se retirèrent de la coalition ; le théâtre de la guerre sur le Rhin se rétrécit, et l'Italie ouvrit aux armées françaises un nouveau champ de gloire. Leurs lignes d'opérations dans cette campagne furent encore doubles : on voulut opérer par Dusseldorff et Manheim ; Clairfayt, plus sage que ses prédécesseurs, porta alternativement sa masse sur ces deux points, et remporta des victoires si décisives à Manheim et dans les lignes de Mayence, qu'elles forcèrent l'armée de Sambre-et-Meuse à repasser le Rhin pour couvrir la Moselle, et ramenèrent Pichegru sous Landau.

En 1796, les lignes d'opérations sur le Rhin sont calquées sur celles de 1757, et sur celles de Flandre en 1794 ; mais obtiennent, comme l'année précédente, un résultat bien différent. Les armées du Rhin et de Sambre-et-Meuse partent des deux extrémités de la base, pour prendre une direction concentrique sur le Danube. Elles forment comme en 1794 deux lignes extérieures. L'archiduc Charles, plus habile que le prince de Cobourg, profite de la direction intérieure des siennes pour leur donner un point de concentration plus rapproché, puis il saisit l'instant où le Danube couvre le corps de Latour, pour dérober quelques marches à Moreau, et jeter toutes ses forces sur la droite de Jourdan, qu'il accable; la bataille de Wurzbourg décide du sort de l'Allemagne, et contraint l'armée de Moreau, étendue sur une ligne immense, à faire sa retraite.

Bonaparte commence sa carrière extraordinaire en Italie. Son système est d'isoler les armées piémontaise et autrichienne; il réussit, par la bataille de Millésimo, à leur faire prendre deux lignes stratégiques extérieures, et les bat ensuite successivement à Mondovi et à Lodi. Une armée formidable se rassemble dans le Tyrol, pour sauver Mantoue qu'il assiége; elle commet l'imprudence d'y marcher en deux corps *séparés par un lac.* L'éclair est moins prompt que le général français; il lève le siége en abandonnant tout, se porte, avec la majeure partie de ses forces sur la première colonne qui débouche par Brescia, la bat et la rejette dans les montagnes. La seconde colonne arrivée sur le même terrain, y est battue à son tour, et forcée à se retirer dans le Tyrol pour communiquer avec sa droite. Wurmser, pour qui ces leçons sont perdues, veut couvrir les deux lignes de Roveredo et de Vicence; Bonaparte, après avoir accablé et repoussé la première sur le Lavis, change alors de direction à droite, débouche par les gorges de la Brenta sur la ligne de gauche, et force les débris de cette belle armée à se sauver dans Mantoue, où ils sont enfin contraints à capituler.

En 1799, les hostilités recommencent; les Français, punis pour avoir formé deux lignes extérieures en 1796, en ont néanmoins trois sur le Rhin et le Danube. Une armée de gauche observe le Bas-Rhin; celle du centre marche sur le Danube; la Suisse, qui flanque l'Italie et la Souabe, est occupée par une troisième armée aussi forte que les deux autres. *Les trois corps ne pouvaient être réunis que dans la vallée de l'Inn, à quatre-vingts lieues de leur base d'opérations!* L'archiduc a des forces égales, mais il les réunit contre le centre qu'il accable à Stockach, et l'armée d'Helvétie est forcée d'évacuer les Grisons et la Suisse orientale.

Les coalisés commettent à leur tour la même faute que leurs adversaires; au lieu de poursuivre la conquête de ce boulevard central, qui leur coûta si cher ensuite, ils forment une double ligne en Suisse et sur le Bas–Rhin. Leur armée de Suisse est accablée à Zurich, tandis que celle du Rhin s'amuse à Manheim.

En Italie, les Français forment la double entreprise de Naples, où 32 mille hommes sont occupés inutilement, tandis que sur l'Adige, où doivent se porter les plus grands coups, l'armée trop faible essuie des revers accablants. Lorsque cette armée de Naples revient au Nord, elle commet encore la faute de prendre une direction stratégique opposée à celle de Moreau; Souwaroff profite habilement de la position centrale qu'on lui laisse, marche à la première de ces armées, et la bat à quelques lieues de l'autre.

En 1800, tout change de face; Bonaparte est revenu d'Egypte, et cette campagne présente une nouvelle combinaison des lignes d'opérations : 150 mille hommes filent sur les deux flancs de la Suisse, débouchent d'un côté sur le Danube, et de l'autre sur le Pô; cette marche savante assura la conquête de contrées immenses; l'histoire moderne n'avait offert jusqu'alors aucune combinaison semblable; les armées françaises forment deux lignes intérieures qui se soutiennent réciproquement; les

Autrichiens sont forcés, au contraire, à prendre
une direction extérieure qui les met hors d'état de
communiquer. Par la combinaison habile de sa
marche, l'armée de réserve coupe l'ennemi de sa
ligne d'opérations, et conserve elle-même toutes
ses relations avec ses frontières et avec l'armée du
Rhin, qui forme sa ligne secondaire.

La fig. III, ci-contre, démontre cette vérité et
présente la situation respective des deux partis:
A et AA indiquent le front d'opérations des armées
de réserve et du Rhin; B et BB, celui de Mélas et
de Kray; CCCC les passages du St-Bernard, du
Simplon, du St-Gothard et du Splugen; D indique les deux lignes d'opérations de l'armée de
réserve; E retrace les deux lignes de retraite de
Mélas; LG marque le choc qui eût lieu à Marengo.
HJK indiquent les divisions françaises conservant
la ligne de retraite. On voit par cette figure, que
Mélas est coupé de sa base, et que le général français, au contraire, ne court aucun risque, puisqu'il conserve toutes ses communications avec les
frontières et avec ses lignes secondaires.

L'analyse des événements mémorables dont
nous venons d'esquisser l'ensemble, suffira pour
convaincre de l'importance du choix des lignes-
manœuvres dans les opérations militaires. En

effet, il peut réparer les désastres d'une bataille perdue, rendre vaine une invasion, étendre les avantages d'une victoire, assurer la conquête d'un pays.

En comparant les combinaisons et les résultats des plus célèbres campagnes, on verra aussi que toutes les lignes d'opérations qui ont réussi, se rattachaient au principe fondamental que nous avons présenté à diverses reprises, *car les lignes simples et les lignes intérieures, ont pour but de mettre en action, au point le plus important, et par le moyen de mouvements stratégiques, un plus grand nombre de divisions, et par conséquent une plus forte masse que l'ennemi.* On se convaincra également que ceux qui échouèrent, renfermaient les vices opposés à ces principes, puisque toutes les lignes multipliées tendent à présenter les parties faibles et isolées, à la masse qui doit les accabler.

*Maximes sur les lignes d'opérations.*

De tous les événements analysés ci-dessus et plus encore de ceux qui suivirent de près la première publication de ce chapitre en 1805, je crois qu'on peut déduire les maximes suivantes :

1° Si l'art de la guerre consiste à mettre en action le plus de forces possible au point décisif du théâtre des opérations, le choix de la ligne d'opérations étant le premier moyen d'y parvenir, peut être considéré comme la base fondamentale d'un bon plan de campagne (*). Napoléon le prouva par la direction qu'il sut assigner à ses masses en 1805 sur Donawerth, et en 1806 sur Géra ; manœuvres habiles, que les militaires ne sauraient trop méditer.

2° La direction qu'il convient de donner à cette ligne, dépend non seulement de la situation géographique du théâtre des opérations, ainsi que nous le démontrerons plus bas, mais encore de l'emplacement des forces ennemies sur cet échiquier stratégique. *Toutefois on ne saurait la donner que sur le centre ou sur l'une des extrémités : dans le cas seulement où l'on aurait des forces infiniment supérieures, il serait possible d'agir sur le front et les*

---

(*) Je crois devoir répéter que je n'ai jamais admis la possibilité de tracer d'avance le plan de toute une campagne. Cela ne peut s'entendre que du projet primitif qui indique le point objectif que l'on se propose d'atteindre, le système général qu'on suivra pour y arriver, et la première entreprise que l'on formera à cet effet ; le reste dépend naturellement du résultat de cette première opération, et des nouvelles chances qu'elle amènera.

*extrémités en même temps ; dans toute autre suppo-*
*sition, ce serait une faute capitale* (*).

En général on peut poser en principe, que la
meilleure direction d'une *ligne-manœuvre* sera
sur le centre de l'ennemi, si celui-ci commet la
faute de diviser ses forces sur un front trop étendu ; mais que, dans toute autre hypothèse, lorsqu'on sera maître de son choix, on devra donner
cette direction sur l'une des extrémités, et de là
sur les derrières de la ligne de défense et du front
d'opérations de l'ennemi.

L'avantage de cette direction ne provient pas
seulement de ce qu'en attaquant une extrémité
l'on n'a à combattre qu'une partie de l'armée
ennemie ; il en dérive un plus grand encore de ce
que sa ligne de défense est menacée d'être prise à
revers. C'est ainsi que l'armée du Rhin ayant
gagné en 1800 l'extrême gauche de la ligne de défense de la Forêt-Noire, la fit tomber presque sans
combat, et livra, sur la rive droite du Danube, deux

---

(*) On ne calcule pas l'infériorité d'une arm :e d'après le chiffre
exact du nombre des soldats ; les talents du chef, le moral des
troupes, leurs qualités constitutives, comptent aussi dans la balance, et la supériorité sera toujours relative, bien que les propor-
tions numériques y entrent pour beaucoup.

batailles qui, bien que peu décisives en elles-
mêmes, eurent pour résultat l'invasion de la
Souabe et de la Bavière, par suite de la bonne direction de la ligne d'opérations. Les résultats de
la marche qui porta l'armée de réserve par le
Saint-Bernard et Milan sur l'extrême droite, et
ensuite sur les derrières de Mélas, furent bien
plus brillants encore; ils sont assez connus pour
nous dispenser de les rappeler ici.

Cette manœuvre, entièrement semblable à celle
que nous avons tracée sur la carte des Alpes
annexée ci-dessus, se trouve, il est vrai, en opposition flagrante avec certains systèmes un peu trop
exclusifs, qui exigent des bases parallèles à celles
de l'ennemi, et des lignes d'opérations doubles
formant un angle droit dont le sommet serait
dirigé sur le centre du front stratégique de l'adversaire. Mais nous avons déjà assez parlé de ces
systèmes, pour démontrer que nos maximes sont
préférables. Toutefois lorsqu'il s'agirait d'opérer
sur le centre de l'ennemi, rien ne s'opposerait à
l'adoption du système à angles droits de Bulow,
pourvu qu'on ne tînt aucun compte des conditions
exagérées dont ses commentateurs l'ont surchargé, et que les lignes doubles qu'il nécessite
fussent intérieures comme on le verra ci-après.

3° Il ne faut pas croire néanmoins qu'il suffise de gagner l'extrémité d'un front d'opérations ennemi pour pouvoir se jeter impunément sur ses derrières, car il est des cas où en agissant de la sorte on se trouverait soi-même coupé de ses propres communications. Pour éviter ce danger, il importe de donner à sa ligne d'opérations une direction géographique et stratégique telle, que l'armée conserve derrière elle une ligne de retraite assurée, ou qu'au besoin elle en trouve une d'un autre côté où elle pourrait se jeter pour regagner sa base par un de ces changements de lignes d'opérations dont nous parlerons ci-après. (Voyez 12° maxime.)

Le choix d'une telle direction est si important, qu'il caractérise à lui seul une des plus grandes qualités d'un général en chef, et on me permettra d'en citer deux exemples pour me faire mieux comprendre.

Par exemple si Napoléon, en 1800, après avoir passé le Saint-Bernard, eût marché droit par Turin sur Asti ou Alexandrie, et qu'il eût reçu la bataille à Marengo sans s'être assuré auparavant de la Lombardie et de la rive gauche du Pô, il eût été coupé de sa ligne de retraite plus complétement que Mélas de la sienne; tandis qu'ayant au besoin les deux points secondaires de Casal et de Pavie du côté du Saint-Bernard, et ceux de Savone et de Tende du côté de l'Apennin, Napoléon avait en cas de revers tous les moyens de regagner le Var ou le Valais.

De même, dans la campagne de 1806, s'il eût marché de Géra droit à Leipzig, et qu'il y eût attendu l'armée prussienne revenant de Weimar, il eût été coupé de sa base du Rhin, aussi bien que le duc de Brunswick de celle de l'Elbe ; tandis qu'en se rabattant de Géra à l'ouest sur la direction de Weimar, il plaçait son front d'opérations en avant des trois routes de Saalfeld, Schleiz et Hof, qui lui servaient de lignes de communications, et qu'il couvrait ainsi parfaitement. Et si, à la rigueur même, les Prussiens avaient imaginé de lui couper ces lignes de retraite, en se jetant entre Géra et Bareith, alors ils lui eussent ouvert sa ligne la plus naturelle, la belle chaussée de Leipzig à Francfort, outre les dix chemins qui mènent de la Saxe par Cassel à Coblentz, Cologne et même Wesel. En voilà assez pour prouver l'importance de ces sortes de combinaisons ; revenons à la suite des maximes annoncées ;

4° Pour manœuvrer sagement, il faut éviter de former deux armées indépendantes sur une même frontière : un tel système ne pourrait guère convenir que dans les cas de grandes coalitions, ou lorsqu'on aurait des forces immenses qu'on ne saurait faire agir sur une même zone d'opérations sans s'exposer à un encombrement plus dangereux qu'utile. Encore, dans ce cas même, vaudrait-il toujours mieux subordonner ces deux armées à un même chef, qui aurait son quartier-général à l'armée principale ;

5° Par suite du principe que nous venons d'énoncer, il est constant qu'à forces égales, une ligne d'opérations simple, sur une même frontière, aura l'avantage sur une ligne d'opérations double ;

6° Il peut arriver néanmoins qu'une ligne double devienne nécessaire, d'abord par la configuration du théâtre de la guerre, ensuite parce que l'ennemi en aura formé une lui-même, et qu'il faudra bien opposer une partie de l'armée à chacune des grandes masses qu'il aura formées ;

7° Dans ce cas, les lignes intérieures ou centrales seront préférables à deux lignes extérieures, puisque l'armée qui aura la ligne intérieure pourra faire coopérer chacune de ses fractions à un plan combiné entre elles, et qu'elle pourra ainsi rassembler le gros de ses forces avant l'en-

17°

nemi, pour décider du succès de la campagne (*).

Une armée, dont les lignes d'opérations offriraient de tels avantages, serait donc à même, par un mouvement stratégique bien combiné, d'accabler successivement les fractions de l'adversaire qui viendraient s'offrir alternativement à ses coups. Pour assurer la réussite de ce mouvement, on laisserait un corps d'observation devant la partie de l'armée ennemie que l'on voudrait se borner à tenir en échec, en lui prescrivant de ne point accepter d'engagement sérieux, mais de se contenter de suspendre la marche de l'adversaire à la faveur des accidents du terrain et en se repliant sur l'armée principale;

8° Une ligne double peut convenir aussi lorsqu'on a une supériorité tellement prononcée, que l'on puisse manœuvrer sur deux directions sans s'exposer à voir l'un de ses deux corps accablé par l'ennemi. Dans cette hypothèse ce serait une faute d'entasser ses forces sur un seul point, et de se priver ainsi des avantages de la supério-

---

(*) Quand les fractions d'une armée sont distantes de quelques marches seulement du gros, et surtout lorsqu'elles ne sont pas destinées à agir isolément pour toute la campagne, ce sont alors des positions stratégiques centrales et non des lignes d'opérations.

rité, en réduisant une partie de ses forces à l'impossibilité d'agir. Néanmoins, en formant une double ligne, il sera toujours sage de renforcer convenablement la partie de l'armée qui, par la nature de son théâtre et par les situations respectives des deux partis, serait appelée à jouer le rôle le plus important ;

9° Les principaux événements des dernières guerres prouvent la justesse de deux autres maximes. La première, c'est que deux masses intérieures, se soutenant réciproquement, et faisant face, à certaine distance, à deux masses supérieures en nombre, ne doivent pas se laisser resserrer par l'ennemi dans un espace trop rétréci, où elles finiraient par être accablées simultanément, ainsi que cela arriva à Napoléon à la célèbre bataille de Leipzig (*). La seconde, c'est que les lignes intérieures ne doivent pas non plus donner dans l'excès contraire, en s'étendant à une trop grande distance, de peur de laisser à l'ennemi

---

(*) Dans les derniers mouvements qui précédèrent Leipzig, Napoléon n'avait plus au fond qu'une seule ligne d'opérations, et ses armées ne formaient plus que des positions stratégiques centrales ; mais le même exemple qui est applicable à ces positions l'est aussi aux lignes d'opérations : c'est le même principe.

tout le temps de remporter des succès décisifs
contre les corps secondaires laissés en observation. Cela pourrait se faire néanmoins lorsque le
but principal que l'on poursuivrait serait tellement
décisif, que le sort entier de la guerre en dépen-
drait; dans ce cas on pourrait voir avec indiffé-
rence ce qui arriverait sur les points secondaires;

10° Par la même raison, deux lignes concentriques valent mieux que deux lignes divergentes;
les premières, plus conformes aux principes de la
stratégie, procurent encore l'avantage de couvrir
les lignes de communications et d'approvisionnement; mais pour qu'elles soient exemptes de danger, on doit les combiner de manière à ce que les
deux armées qui les parcourent, ne puissent rencontrer isolément les forces réunies de l'ennemi,
avant d'être elles-mêmes en mesure d'opérer leur
jonction;

11° Les lignes divergentes peuvent néanmoins
convenir, soit après une bataille gagnée, soit après
une opération stratégique par laquelle on aurait
réussi à diviser les forces de son adversaire en
rompant son centre. Alors il devient naturel de
donner à ses masses des directions excentriques
pour achever la dispersion des vaincus : mais quoique agissant sur des lignes divergentes, ces masses

se trouveront néanmoins en lignes intérieures, c'est-à-dire plus rapprochées entre elles et plu faciles à réunir que celles de l'ennemi ;

12° Il arrive parfois qu'une armée se voit forcée de changer de ligne d'opérations au milieu d'une campagne, ce que nous avons désigné sous le nom de lignes accidentelles. C'est une manœuvre des plus délicates et des plus importantes, qui peut donner de grands résultats, mais amener aussi de grands revers, lorsqu'on ne la combine pas avec sagacité, car on ne s'en sert guère que pour tirer l'armée d'une situation embarrassante. Nous avons donné, au chapitre **X** du Traité des grandes opé-rations, un exemple d'un pareil changement, exé-cuté par Frédéric à la suite de la levée du siége d'Olmutz.

Napoléon en projeta plusieurs, car il avait l'ha-bitude, dans ses invasions aventureuses, d'avoir un pareil projet prêt à parer aux événements im-prévus. A l'époque de la bataille d'Austerlitz, il avait résolu, en cas d'échec, de prendre sa ligne d'opérations par la Bohême sur Passau ou Ratis-bonne, qui lui offrait un pays neuf et plein de res-sources, au lieu de reprendre celle de Vienne, qui n'offrait que des ruines, et où l'archiduc Charles aurait pu le prévenir.

En 1814, il commença l'exécution d'une manœuvre plus hardie, mais favorisée du moins par les localités, et qui consistait à se baser sur la ceinture des forteresses d'Alsace et de Lorraine, en ouvrant aux alliés le chemin de Paris. Il est certain que si Mortier et Marmont eussent pu le joindre, et s'il avait eu 50 mille hommes de plus, ce projet aurait pu entraîner les suites les plus décisives, et mettre le sceau à sa brillante carrière militaire;

13° Ainsi que nous l'avons dit plus haut (maxime 2°) la configuration des frontières et la nature géographique du théâtre des opérations, peuvent aussi exercer une grande influence sur la direction même à donner à ces lignes, comme sur les avantages que l'on peut en obtenir. Les positions centrales qui forment un angle saillant vers l'ennemi, comme la Bohême et la Suisse (voyez figures 2 et 3 de la carte annexée pag. 252), sont les plus avantageuses, parce qu'elles mènent naturellement à l'adoption des lignes intérieures et facilitent les moyens de prendre l'ennemi à revers. Les côtés de cet angle saillant sont donc si importants, qu'il faut joindre toutes les ressources de l'art à celles de la nature pour les rendre inattaquables.

Au défaut de ces positions centrales on pourra

y suppléer par la direction relative des lignes-
manœuvres comme la figure ci-après l'explique :

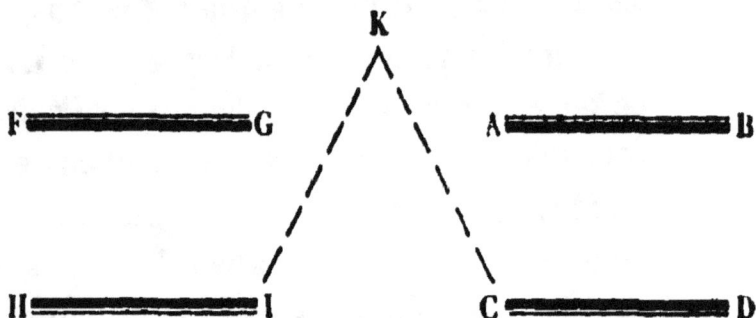

C D manœuvrant sur la droite du front de l'armée A B; et H I se portant sur le flanc gauche de
F G, formeront les deux lignes intérieures C K
et I K sur une extrémité de chacune des lignes extérieures A B, F G, qu'elles pourront accabler
l'une après l'autre en y portant alternativement la
masse de leurs forces. Cette combinaison présente
les résultats des lignes d'opérations de 1796, de
1800 et 1809 ;

14° La configuration générale des bases peut
avoir aussi une grande influence sur la direction
à donner aux lignes d'opérations, laquelle devra
naturellement être subordonnée à la situation des
bases respectives, ainsi qu'on peut s'en assurer
en se rappelant ce que nous avons dit plus haut
sur cet article. En effet, au simple examen de la
figure annexée audit article, pag. 180, on voit que

le plus grand avantage qui résulterait de la confor-
mation des frontières et des bases, consisterait à
prolonger celles-ci perpendiculairement à la base
de l'ennemi, c'est-à-dire parallèlement à sa ligne
d'opérations, ce qui donnerait la facilité de s'emparer de cette ligne sur le point qui conduit à sa
base, et d'en couper ainsi l'armée ennemie.

Mais si, au lieu de diriger ses propres opérations sur ce point décisif, on choisissait mal la
direction de sa ligne, tout l'avantage de la base
perpendiculaire deviendrait nul. Il est évident que
l'armée E, qui posséderait la double base A C et
C D, si elle marchait par la gauche vers le point F,
au lieu de se prolonger par sa droite vers G H,
perdrait tous les avantages stratégiques de sa
base C D. (Voy. p. 175.)

Le grand art de bien diriger ses lignes d'opérations consiste donc, comme on vient de le voir,
à combiner leurs rapports avec les bases et avec
les marches de l'armée, de manière à pouvoir
s'emparer des communications de l'ennemi sans
s'exposer à perdre les siennes; problème de stratégie le plus important comme le plus difficile à
résoudre.

15° Indépendamment des cas précités, il en est
encore un qui exerce une influence manifeste sur

la direction à donner aux lignes d'opérations : c'est celui où la principale entreprise de la campagne consisterait à effectuer le passage d'un grand fleuve en présence d'une armée ennemie nombreuse et intacte. On sent bien que, dans ce cas, le choix de la ligne d'opérations ne saurait dépendre seulement de la volonté du général en chef, ou de l'avantage qu'il trouverait à attaquer certaine partie de la ligne ennemie, car la première chose à considérer, c'est de savoir le point où l'on pourrait effectuer le passage plus sûrement, et celui sur lequel se trouveraient les moyens matériels nécessaires à cet effet. Le passage du Rhin par Jourdan, en 1795, s'exécuta vers Dusseldorf, par la même raison qui décida celui de la Vistule par le maréchal Paskiévitch vers Ossiek, en 1831, c'est-à-dire parce que l'armée n'ayant pas à sa suite des équipages de pontons suffisants, il fallut faire remonter des grandes barques du commerce achetées en Hollande par l'armée française, de même que l'armée russe avait fait acheter les siennes à Thorn et Dantzig. Le territoire neutre de la Prusse fournit, dans ces deux circonstances, la facilité de faire remonter le fleuve à ces barques, sans que l'ennemi pût y mettre obstacle. Cette facilité, d'un avantage incalculable en apparence, entraîna néanmoins les Français aux invasions doubles de 1795 et de 1796, qui échouèrent précisément parce que la double ligne d'opérations qui en résulta donna les moyens de les battre partiellement. Paskiévitch, mieux avisé, ne fit passer la Haute-Vistule qu'à un simple détachement secondaire, et après que l'armée principale fut déjà arrivée à Lowicz.

Lorsqu'on a des pontons militaires en suffisance, on est moins soumis aux vicissitudes du passage. Cependant il faut encore choisir le point qui offre le plus de chances de succès par les localités et la position des forces ennemies. La discussion entre Napoléon et Moreau pour le passage du Rhin en 1800, que j'ai rapportée dans le tome XIII de l'histoire des guerres de la révolution, est un des exemples les plus curieux des différentes combinaisons que présente cette question à la fois stratégique et tactique.

L'emplacement choisi pour le passage exerce la même influence sur la direction qu'il convient de donner aux premières marches après qu'il est effectué, vu la nécessité où l'on se trouve forcément de couvrir les ponts contre l'ennemi, du moins jusque après une victoire; ce choix peut néanmoins, en tout état de cause, présenter une juste application des principes; car en définitive, il se bornera toujours à la seule alternative d'un passage principal sur le centre ou sur une des extrémités.

Une armée réunie, qui forcerait le passage sur l'un des points du centre, contre un cordon un peu étendu, pourrait se diviser ensuite sur deux lignes divergentes afin de disperser les parties du cordon ennemi qui, se trouvant ainsi hors d'état de se réunir, ne songeraient guères à inquiéter les ponts.

Si la ligne du fleuve est assez courte pour que l'armée ennemie reste plus concentrée, et si l'on a les moyens de prendre après le passage un front stratégique perpendiculaire au fleuve, alors le meilleur serait peut être de le passer sur une des extrémités, afin de rejeter toutes les forces ennemies en dehors de la direction des ponts. Au surplus, nous traiterons ce sujet à l'article 37 sur les passages de fleuves.

16° Il est encore une combinaison des lignes d'opérations qui ne doit pas être passée sous silence. C'est la différence notable qui existe entre les chances d'une ligne d'opérations établie dans son propre pays ou celle établie en pays ennemi. La nature de ces contrées ennemies influera aussi sur ces chances. Une armée franchit les Alpes ou le **Rhin** pour porter la guerre en Italie ou en Allemagne ; elle trouve d'abord des états du second ordre ; en supposant même que leurs chefs soient alliés entre eux , il y aura néanmoins dans les intérêts réels de ces petits états, ainsi que dans leurs populations, des rivalités qui empêcheront la même unité d'impulsion et de force qu'on rencontrerait dans un grand état. Au contraire, une armée allemande qui passera les Alpes ou le Rhin pour pénétrer en France, aura une ligne d'opérations bien plus hasardée et plus exposée que celle des Français qui pénétrerait en Italie, car la première aurait à heurter contre toute la masse des forces de la France unie d'action et de volonté (*).

Une armée sur la défensive, qui a sa ligne d'opérations sur son propre sol, peut faire ressource de tout ; les habitants du pays, les autorités, les productions, les places, les magasins publics et même particuliers, les arsenaux, tout la favorise : il n'en est pas de même chez les autres, du moins pas ordinairement ; on ne trouve pas toujours des

---

(*) On comprend que je parle ici de chances ordinaires dans une guerre entre deux puissances seulement, et dans un état de calme intérieur. — Les chances des guerres de partis font des exceptions·

drapeaux d'une couleur à opposer au drapeau national, et même dans ce cas on aura encore contre soi tous les avantages que l'adversaire trouvera dans les éléments de la force publique.

J'ai dit que la nature des contrées influençait aussi les chances des lignes d'opérations ; en effet, outre les modifications que nous venons d'exprimer, il est certain que l'établissement des lignes d'opérations dans les contrées fertiles, riches, industrielles, offrent aux assaillants bien plus d'avantages que celles dans des contrées plus arides et plus désertes, surtout lorsqu'on n'a pas à lutter contre les populations entières. On trouvera effectivement dans ces contrées fertiles, industrielles et populeuses, mille choses nécessaires à toutes les armées, tandis que dans les autres on ne rencontrera que des huttes et de la paille, les chevaux seuls y trouveront pâture, mais pour tout le reste, il faudra le traîner avec soi, en sorte que les embarras de la guerre s'en accroîtront à l'infini, et que les opérations vives et hardies seront plus rares et plus hasardeuses. Les armées françaises, si bien accoutumées aux douceurs de la Souabe et de la riche Lombardie, faillirent périr en 1806 dans les boues de Pultusk, et périrent en 1812 dans les forêts marécageuses de la Lithuanie.

17° Il est encore une règle relative aux lignes d'opérations, à laquelle plusieurs écrivains ont attaché une haute importance, qui semble fort juste quand elle est réduite en formules de géométrie, mais qui, dans l'application, pourrait être rangée dans la classe des utopies. Selon cette règle, il faudrait que les contrées latérales de chaque ligne d'opérations fussent débarrassées de tout ennemi, à une distance qui égalerait la profondeur de cette ligne, attendu que, sans cela, ces ennemis pourraient menacer la ligne de retraite; idée que l'on a traduite géométriquement comme il suit : « Il « ne peut y avoir de sûreté pour une opération « que quand l'ennemi se trouve refoulé en dehors « d'un demi-cercle dont le milieu est le sujet le « plus central ( Mittelstes Subject ), et dont le rayon ( Halbmesser ) est égal à la longueur de la ligne d'opérations.

Puis pour prouver cet axiome, tant soit peu obscur, on démontre que les angles de périphérie d'un cercle, qui ont le diamètre pour côté opposé, forment des angles droits, et qu'en conséquence l'angle à 90 degrés exigé par Bulow pour les lignes d'opérations, ce fameux *Caput-Porci* stratégique, est le seul système raisonnable : d'où l'on conclut ensuite charitablement, que tous ceux qui ne veu-

lent pas que la guerre se fasse trigonométrique-
ment sont des ignorants.

Cette maxime, soutenue avec tant de chaleur, et
très spécieuse sur le papier, se trouve néanmoins
à chaque pas démentie par les événements de la
guerre; la nature du pays, les lignes de fleuves
et de montagnes, l'état moral des deux armées,
l'esprit des peuples, la capacité et l'énergie des
chefs, ne se mesurent pas avec des angles, des
diamètres et des périphéries. Sans doute des corps
considérables ne sauraient être tolérés sur les
flancs de la ligne de retraite, de manière à l'inquiéter sérieusement ; mais pousser trop loin la
maxime tant vantée, ce serait s'enlever tout moyen
de faire un pas en pays ennemi; or il serait d'autant plus naturel de s'en affranchir, qu'il n'est pas
une campagne des dernières guerres et de celles du
prince Eugène et de Marlborough qui n'atteste la
nullité de ces prétendues règles mathématiques.
Le général Moreau ne se trouvait-il pas aux portes
de Vienne en 1800, quand Fussen, Scharnitz et le
Tyrol entier, étaient encore au pouvoir des Autrichiens? Napoléon ne se trouvait-il pas à Plaisance quand Turin, Gênes et le col de Tende,
étaient occupés par l'armée de Mélas? Je deman-
derai enfin quelle figure géométrique formait l'ar-

mée du prince **Eugène** de **Savoie**, lorsqu'elle marchait par **Stradella** et **Asti** au secours de **Turin**, en laissant les **Français** sur le **Mincio** à quelques lieues seulement de sa base?

Il suffirait à mon avis de ces trois événements, pour prouver que le compas des géomètres pâlira toujours, non seulement devant les génies tels que **Napoléon** et **Frédéric**, mais devant les grands caractères tels que les **Souwaroff**, les **Masséna**, etc.

A **Dieu** ne plaise néanmoins que je songe à déprécier le mérite des officiers versés dans ces sciences qui nous ont appris à calculer jusqu'au cours des astres. J'ai pour eux au contraire une profonde vénération ; mais ma propre expérience m'autorise à penser que si leur science est indispensable pour construire ou attaquer des places et camps retranchés, ainsi que pour lever des plans et projeter des cartes, si elle donne en outre des avantages réels dans tous les calculs d'application pratique, elle n'est que d'un faible secours dans les combinaisons de la stratégie et de la grande tactique, où les impulsions morales, secondées des lois de la statique, jouent le principal rôle (*). Ceux même de ces respectables disciples

---

(*) On objectera que la stratégie surtout se combine au moyen de lignes ; cela est vrai, mais pour savoir si une de ces lignes mène

d'Euclide, qui seraient les plus capables de bien commander une armée, devront, pour le faire avec gloire et succès, oublier un peu leur trigonométrie : c'est du moins le parti qu'avait pris Napoléon, dont les opérations les plus brillantes semblent appartenir bien plus au domaine de la poésie qu'à celui des sciences exactes : la cause en est simple, *c'est que la guerre est un drame passionné* et nullement une opération mathématique.

On me pardonnera ces digressions ; j'ai été attaqué sur de vaines formules, il est naturel que je me défende, et la seule grâce que je demande à mes critiques, c'est d'être aussi équitable envers moi que je le suis envers eux. Ils veulent la guerre trop méthodique, trop compassée ; moi je la ferais vive, hardie, impétueuse, peut être même quelquefois audacieuse.... *Suum quique.*

Loin de moi cependant la pensée de repousser toutes les précautions qui peuvent découler du

---

à un point convenable ou à un gouffre, et pour calculer la distance la plus courte du point où l'on est à celui que l'on veut atteindre, il n'est aucun besoin de la géométrie, car une carte de poste serait en cela plus utile même qu'un compas. J'ai connu un général presque émule de Laplace à qui je n'ai jamais pu faire comprendre pourquoi telle ligne stratégique serait préférable à telle autre, ni comment celle de la Meuse était la clef des Pays-Bas, lorsque ces provinces sont défendues surtout par une armée continentale.

principe même de ces règles compassées, car on ne saurait jamais les négliger entièrement; mais se réduire à faire la guerre géométriquement, ce serait imposer des fers au génie des plus grands capitaines, et se soumettre au joug d'un pédantisme exagéré. Pour mon compte je protesterai toujours contre de pareilles théories, aussi bien que contre l'apologie de l'ignorance.

---

*Observations sur les lignes intérieures et les attaques dont elles ont été l'objet.*

Je demande pardon à mes lecteurs si je détourne un moment leur attention pour ajouter ici quelques mots sur les controverses dont cet article a été le sujet. J'ai hésité si je renverrais ces observations à la fin du volume; mais comme elles renferment d'utiles éclaircissements sur les doctrines qui précèdent, j'ai cru pouvoir les placer ici.

Les critiques ont été fort peu d'accord dans leurs reproches; les uns ont disputé sur le sens de quelques mots et sur des définitions; d'autres ont blâmé quelques points de vue qu'ils avaient mal saisis; les derniers enfin ont pris occasion de quelques événements importants pour dénier mes dogmes fondamentaux, sans s'inquiéter si les conditions qui seraient de nature à modifier ces dogmes, ne différaient pas essentiellement de celles qu'ils supposaient, et sans réfléchir non plus qu'en admettant même leurs applications comme exactes, une exception fortuite ne saurait détruire une règle consacrée par l'expérience des siècles et fondée sur les principes.

Plusieurs de ces écrivains militaires, voulant contester mes maximes sur les lignes intérieures ou centrales, leur ont opposé la fameuse marche des alliés sur Leipzig, qui réussit par un système contraire (*). Cet événement mémorable semble,

---

(*) Il y a 33 ans que j'ai présenté ces maximes, pour la première fois; les événements tout récents qui viennent de se passer en Navarre prouvent combien elles sont justes, et combien les principes si simples sur lesquels elles reposent sont fréquemment méconnus. Les troupes de Don Carlos, menacées par trois grands corps à des distances considérables, ont remporté une victoire complète à la faveur de leur position centrale bien mise à profit. Les ignorants crient à la trahison, quand les principes immuables ont seuls causé la perte d'Evans. Si les généraux qui se sont succédé en Espagne depuis dix ans avaient jamais songé à l'application des principes, pareille déroute ne serait pas arrivée : mais lire et méditer sont choses trop vulgaires pour des hommes qui se proclament sans cesse eux-mêmes comme invincibles.

au premier abord, fait pour ébranler la foi de
ceux qui croient aux principes; mais, outre qu'il
présente un de ces cas exceptionnels rares dans
l'histoire de tous les siècles, il est évident qu'on
ne saurait rien en conclure contre des règles appuyées par des milliers d'autres exemples, et il
nous sera facile de démontrer que, loin de pouvoir tirer de ces faits le moindre argument contre
les dogmes que nous avons présentés, ils en prouvent au contraire toute la solidité. En effet, mes
critiques avaient oublié que, dans le cas d'une supériorité numérique considérable, je recomman-
dais, pour l'armée supérieure, les lignes d'opérations doubles comme les plus avantageuses;
surtout lorsqu'elles étaient concentriques, et dirigées de manière à opérer un commun effort
contre l'ennemi dès que le moment du choc décisif
serait arrivé (*). Or, dans cette marche des armées
de Schwarzenberg, de Blucher, du prince de
Suède et de Benningsen, on retrouve précisément
ce cas de supériorité numérique qui devait militer
en faveur du système adopté. Quant à l'armée inférieure, pour qu'elle se conformât aux principes

---

(*) Voyez chapitre 12 du Traité des grandes opérations militaires,
tome 2, page 158.

émis dans ce chapitre, il faudrait qu'elle portât ses efforts sur une extrémité de ses adversaires, et non sur le centre; en sorte que les événements que l'on m'oppose prouvent doublement en faveur de mes maximes.

D'ailleurs, si la position centrale de Napoléon entre Dresde et l'Oder lui devint funeste, il faut l'attribuer aux désastres de Culm, de la Katzbach, de Dennevitz, en un mot, à des fautes d'exécution entièrement étrangères au fond du système. *Celui que je propose consiste à agir offensivement sur le point le plus important, avec la majeure partie de ses forces, en demeurant aux points secondaires sur la défensive, dans de fortes positions ou derrière un fleuve, jusqu'à ce que le coup décisif étant porté, et l'opération terminée par la défaite totale d'une partie essentielle de l'armée ennemie, on se trouve à même de diriger ses efforts sur un des autres points menacés.* Dès qu'on expose les armées secondaires à un échec décisif, pendant l'absence du gros de l'armée, le système est mal compris, et ce fut précisément ce qui arriva en 1813.

En effet, si Napoléon, victorieux à Dresde, eût poursuivi l'armée des souverains en Bohême, loin d'essuyer le désastre de Culm, il se fût présenté

menaçant devant Prague, et eût peut-être dissous
la coalition. Il commit la faute de ne pas troubler
sérieusement leur retraite ; et à cette faute on en
ajouta une autre non moins grave, celle d'engager
des batailles décisives sur les points où il ne se
trouvait pas en personne avec le gros de ses forces.
Il est vrai qu'à la Katzbach on ne suivit pas ses
instructions, car elles prescrivaient d'attendre
Blucher et de tomber sur lui quand il en four-
nirait l'occasion par des mouvements hasardés,
tandis que Macdonald courut au contraire au-
devant des alliés, en franchissant, par corps isolés, des torrents que les pluies enflaient d'heure
en heure.

En supposant que Macdonald eût fait ce qui lui
était prescrit, et que Napoléon eût suivi sa victoire
de Dresde, on sera forcé de convenir que son plan
d'opérations, basé sur les lignes et positions stratégiques intérieures et sur une ligne d'opérations à
double rayons concentriques, eût été couronné
du plus brillant succès. Il suffit de parcourir ses
campagnes d'Italie en 1796, et de France en 1814,
pour juger ce qu'il sut opérer par l'application de
ce système.

A ces différentes considérations il faut ajouter
une circonstance non moins importante, pour dé-

montrer qu'il serait injuste de juger les lignes centrales d'après le sort qu'éprouvèrent celles de Napoléon en Saxe ; *c'est que son front d'opérations se trouvait débordé sur la droite, et même pris à revers par la position géographique des frontières de la Bohême*, cas qui se présente rarement. Or, une position centrale qui a de pareils défauts, ne saurait être comparée à celle qui ne les aurait pas. Quand Napoléon appliqua ce système en Italie, en Pologne, en Prusse, en France, il n'était pas ainsi exposé aux coups d'une armée ennemie établie sur son flanc et ses derrières : l'Autriche put le menacer de loin en 1807 ; mais elle était en état de paix avec lui, et désarmée.

Pour juger un système d'opérations, il est nécessaire d'admettre que les chances réciproques soient égales, et ce ne fut point le cas en 1813, ni par les positions géographiques, ni par l'état des forces respectives. Indépendamment de cette vérité, qui prouve la légèreté de mes Aristarques, il semble absurde de citer les revers de la Katzbach et de Dennewitz, essuyés par les lieutenants de Napoléon, comme des preuves capables de détruire un principe dont la plus simple application eût exigé que ces lieutenants n'acceptassent point d'engagement sérieux, au lieu d'aller chercher la bataille comme ils le firent. En effet, quel avantage pourrait-on se flatter d'obtenir du système des lignes centrales, si les parties de l'armée qu'on aurait affaiblies pour porter ses efforts sur d'autres points, commettaient la faute de courir elles-mêmes au-devant d'une lutte désastreuse, au lieu de se contenter du rôle de corps d'observation (\*)? Ce serait alors l'ennemi qui se trouverait avoir appliqué le principe et non pas celui qui aurait pris la ligne intérieure. Au surplus la campagne qui suivit celle de Leipzig vint bientôt démontrer la justesse des maximes contestées; la défensive de Napoléon en Champagne, depuis la bataille de Brienne jusqu'à celle de Paris, prouva jusqu'à l'évidence ce que j'avais pu dire en faveur des masses centrales.

Toutefois, l'expérience de ces deux célèbres campagnes a fait naître un problème stratégique, qu'il serait fort difficile de résoudre par de simples assertions fondées sur des théories : c'est de savoir

---

(\*) Je sais bien qu'on ne peut pas toujours refuser le combat sans courir de plus grands dangers que celui d'un échec; aussi Macdonald aurait-il pu accepter une bataille avec Blucher s'il eût mieux compris les instructions de Napoléon au lieu de faire tout le contraire. (Voyez Vie politique et militaire de Napoléon, Tome 4, aux pièces justificatives.)

si le système des masses centrales perd de ses avantages lorsque les forces qu'il s'agit de mettre en action sont trop considérables. Persuadé, comme Montesquieu, que les plus grandes entreprises périssent par la grandeur même des préparatifs qu'on fait pour en assurer la réussite, je serais fort enclin à me prononcer pour l'affirmative. Il me paraît incontestable qu'une masse de cent mille hommes, occupant une zone centrale contre trois armées isolées de 30 à 35 mille hommes chacune, serait plus sûre de les accabler successivement, que cela ne serait possible à une masse de 400 mille combattants contre trois armées de 135 mille hommes, et cela par plusieurs raisons majeures.

1° Parce que, avec une armée de 130 à 140 mille combattants, on peut facilement résister à une force plus considérable, vu la difficulté de trouver le terrain et le temps nécessaires pour mettre de si grandes masses en action au jour de la bataille;

2° Parce que, si même on est repoussé du champ de bataille, on a encore au moins cent mille hommes pour assurer un bon système de retraite, sans se laisser trop entamer, en attendant la jonction avec l'une des deux autres armées secondaires;

3° Parce qu'une masse centrale de **400** mille hommes exige une telle quantité de vivres, de munitions, de chevaux et de matériel de toute espèce, qu'elle aura bien moins de mobilité et de facilité pour transporter ses efforts d'une partie de la zone d'opérations sur l'autre ; sans compter encore l'impossibilité de tirer des vivres d'une contrée naturellement trop circonscrite pour alimenter de pareilles masses ;

4° Enfin, il paraît certain que les deux fractions d'armée que la masse centrale devrait opposer aux deux lignes extérieures de l'ennemi, avec l'instruction de se borner à les contenir, exigeraient toujours des armées de 80 à 90 mille hommes, puisqu'il s'agit d'en tenir 135 mille en échec, en sorte que, si les armées d'observation faisaient la sottise de s'engager dans des combats sérieux, elles pourraient essuyer des revers, dont les suites déplorables surpasseraient de beaucoup les avantages obtenus par l'armée principale.

Nonobstant tous ces doutes et toutes ces raisons atténuantes, si j'avais jamais à disposer d'une armée, je n'hésiterais point à lui donner une direction intérieure dans tous les cas où je les ai recommandées comme étant les plus favorables ; ou bien je lui assignerais, dans toute autre hypothèse, sa direction sur l'extrémité du front d'opérations de l'ennemi, selon les maximes exposées ci-dessus ; laissant à mes adversaires le plaisir de manœuvrer d'après les systèmes opposés. Jusqu'à ce que cette expérience puisse avoir lieu, ils me permettront de rester ferme dans mes croyances, justifiées par les campagnes d'**Eugène de Savoie**, de **Marlborough**, de **Frédéric-le-Grand** et de **Napoléon**.

Puisque j'ai entrepris de défendre des principes qui semblent incontestables, je saisirai cette occasion pour répondre à d'autres objections moins fondées encore, que des écrivains distingués, mais souvent passionnés et injustes, ont élevées contre l'article sus mentionné.

Les premières sont du colonel bavarois **Xilander**, qui, dans son cours de stratégie, a souvent mal interprété les principes qui m'ont servi de base. Cet écrivain, d'ailleurs plein d'érudition, a reconnu dans une brochure et un journal périodique plus récents, qu'il avait été injuste et amer dans sa manière de juger mon ouvrage. Il avoue même qu'il n'avait pas attendu la publication de ma réplique pour reconnaître son tort, bien qu'il l'ait répété dans une seconde édition.

Cet aveu, plein de naïveté, qui lui fait honne

me dispense de revenir sur ce qui a été dit à ce sujet ; mais comme son ouvrage est du nombre de ceux qui séduisent par les formes orthodoxes des sciences positives , je dois néanmoins, dans l'intérêt de l'art, maintenir ce que j'ai dit relativement au reproche qu'il me faisait *d'avoir élevé avec peine l'échafaudage d'un système excentrique pour revenir finalement à un système opposé.*

Je le répète, cette contradiction qu'il me prétait si gratuitement, et qui serait pour le moins une inconséquence, n'existe point. Je n'ai présenté exclusivement ni système concentrique, ni système excentrique; tout mon ouvrage tend à prouver l'influence éternelle des principes, et à démontrer que des opérations, pour être habiles et heureuses, doivent produire l'application de ces principes fondamentaux. Or, des opérations excentriques ou divergentes, aussi bien que les concentriques, peuvent être ou fort bonnes ou fort mauvaises; tout dépend de la situation des forces respectives. Les excentriques, par exemple, sont bonnes lorsqu'elles s'appliquent à une masse partant d'un centre donné, et agissant dans une direction divergente, pour diviser et anéantir séparément deux fractions ennemies qui se trouveraient former deux lignes extérieures : telle fut la manœuvre de Frédéric, qui produisit, à la fin de la campagne de 1767, les belles batailles de Rosbach et de Leuthen : telles furent aussi presque toutes les opérations de Napoléon, dont la manœuvre favorite consistait à réunir, par des marches bien calculées, des masses imposantes au centre, pour les diviser ensuite excentriquement à la poursuite de l'ennemi, après avoir percé ou tourné son front stratégique ; cette manœuvre avait pour but d'achever ainsi la dispersion des vaincus (*).

En échange, des opérations concentriques sont bonnes dans deux hypothèses : 1° Lorsqu'elles tendent à concentrer une armée divisée, sur un point où elle serait sûre d'arriver avant l'ennemi ; 2° Lorsqu'elles tendent à faire agir, vers un but commun, deux armées qui ne sauraient être prévenues et accablées séparément par aucun ennemi plus concentré.

Mais qu'on établisse la question à l'inverse ;

(*) M. Xilander trouvera moins étonnant qu'on puisse tour-à-tour approuver des manœuvres concentriques et divergentes, lorsqu'il réfléchira que, parmi les plus belles opérations de Napoléon, il y en a plusieurs où l'on trouve ces deux systèmes employés alternativement dans les 24 heures, comme par exemple les affaires autour de Ratisbonne en 1809.

alors on aura la conséquence tout opposée; alors
on s'assurera combien les principes sont immuables, et combien il faut se garder de les confondre avec des systèmes. En effet, ces mêmes
opérations concentriques, si avantageuses dans
les deux hypothèses susmentionnées, peuvent devenir des plus pernicieuses lorsqu'elles se trouvent
appliquées à une position différente des forces
respectives. Par exemple, si deux masses partaient
d'un point éloigné, pour marcher concentriquement sur un ennemi dont les forces seraient en
lignes intérieures et plus rapprochées l'une de
l'autre, il en résulterait que cette marche produirait la réunion des forces ennemies avant les leurs,
et les exposerait à une défaite inévitable. C'est ce
qui arriva à Moreau et à Jourdan devant l'archiduc
Charles en 1796. En partant même d'un point
unique, ou de deux points beaucoup moins éloignés que ne l'étaient Dusseldorf et Strasbourg, on
peut courir ce risque. Quel sort éprouvèrent les
colonnes concentriques de Wurmser et de Quas-
danovich, voulant se porter sur le Mincio par les
deux rives du lac de Garda? Aurait-on oublié la
catastrophe qui fut le résultat de la marche de
Napoléon et de Grouchy sur Bruxelles? Partis
tous les deux de Sombref, ils voulaient marcher

concentriquement sur cette ville, l'un par Quatre-Bras, l'autre par Wawre; Blucher et Wellington, prenant une ligne stratégique intérieure, se réunirent avant eux, et le terrible désastre de Waterloo attesta à l'univers qu'on ne viole pas impunément les principes immuables de la guerre.

De pareils événements prouvent mieux que tous les raisonnements du monde, qu'aucun système d'opérations n'est bon que lorsqu'il offre l'application des principes. Je n'ai point la prétention de croire que j'aie créé ces principes, puisqu'ils ont existé de tous temps; que César, Scipion et le consul Néron (*) les ont appliqués aussi bien que Marlborough et Eugène, pour ne pas dire mieux. Mais je crois les avoir démontrés le premier, avec les principales chances de leur application, dans un ouvrage où les préceptes émanent des preuves elles-mêmes, et où l'application se trouve constamment à la portée des lecteurs militaires. La forme dogmatique aurait mieux convenu aux professeurs, j'en conviens, mais je doute qu'elle eût été aussi claire et aussi fortement démonstrative pour les jeunes officiers, que la forme historique adoptée

(*) Le beau mouvement stratégique de ce consul, qui donna le coup de mort à la puissance d'Annibal en Italie, peut aller de pair avec les plus beaux exploits des guerres modernes.

dans mon Traité des grandes opérations militaires.

Quelques-uns de mes critiques ont été jusqu'à blâmer le mot de lignes d'opérations que je donne à des surfaces, et à soutenir que les véritables lignes d'opérations étaient les fleuves ; assertion qui est pour le moins bizarre. Personne ne s'avisera de penser que le Danube ou le Rhin soient des lignes d'opérations, sur lesquelles une armée puisse agir. Ces fleuves seraient tout au plus des lignes d'approvisionnement pour faciliter les arrivages, mais non pour faire manœuvrer une armée, à moins que son chef n'eût le pouvoir miraculeux de faire voyager une armée au milieu des eaux. Mon critique dira peut-être qu'il a voulu parler des vallées et non des fleuves ; je lui ferai observer alors qu'une vallée et un fleuve sont cependant des choses fort différentes ; et qu'une vallée est aussi une surface, et non une ligne.

Ainsi, dans le sens physique comme dans le sens didactique, la définition est doublement inexacte. Mais en la supposant même tolérable, encore faudrait-il qu'un fleuve, pour servir de ligne d'opérations à une armée, coulât toujours dans la direction où cette armée marcherait ; et c'est presque toujours le contraire. La plupart des fleuves peuvent plutôt servir de barrières défensives qu'ils ne pourraient être considérés comme lignes d'opérations. Le Rhin est une barrière pour la France comme pour l'Allemagne; le Bas-Danube est une barrière pour la Turquie ou la Russie; l'Ebre est une barrière pour l'Espagne; le Rhône est une barrière contre une armée qui viendrait d'Italie pour attaquer la France; l'Elbe, l'Oder, la Vistule, sont des barrières contre des armées marchant de l'Ouest à l'Est, ou de l'Est à l'Ouest.

Quant aux routes, l'assertion n'est pas plus juste, car on ne dira pas que les cent chemins frayés à travers la Souabe soient cent lignes d'opérations. Il n'y a sans doute pas de lignes d'opérations sans chemin; mais un chemin en lui-même ne saurait être une ligne d'opérations.

Je me suis un peu étendu sur cet article des lignes d'opérations, parce que je le regarde comme la pierre fondamentale des mouvements stratégiques, et qu'il importe pour l'art de ne pas laisser accréditer des sophismes. Le public prononcera sur ces controverses : quant à moi, j'ai le sentiment intime d'avoir cherché de bonne foi à avancer la science; et sans être accusé d'amour propre, je crois pouvoir me flatter d'y avoir contribué.

## ARTICLE XXII.

........

### *Des lignes stratégiques.*

Nous avons fait mention, dans les articles 19 et 21, de lignes stratégiques de manœuvres, qui diffèrent essentiellement des lignes d'opérations; il ne sera pas inutile de les définir, car beaucoup de militaires les confondent souvent.

Les lignes stratégiques sont de plusieurs espèces, ainsi qu'on l'a vu à l'article 19. Nous n'avons pas à nous occuper de celles qui ont une importance générale et permanente par leur site et par leurs rapports avec la configuration du pays, telles que les lignes du Danube ou de la Meuse, les chaînes des Alpes et du Balkan. Comme celles-ci figurent au nombre des points décisifs du théâtre de la guerre, ou à celui des lignes de défense dont nous avons déjà parlé, et comme elles sont tracées par la nature, nous n'aurons rien à en dire, car on ne saurait les soumettre à aucune autre investigation qu'à l'étude détaillée et approfondie de la géographie militaire de l'Europe, et à une description dont on pense bien que le cadre immense ne s'accorde pas avec celui de ce Précis : l'archiduc Charles a donné un excellent modèle de cette étude dans sa description de l'Allemagne méridionale.

Mais on nomme aussi lignes stratégiques, toutes les communications qui mènent, par la voie la plus directe ou la plus avantageuse, d'un point important à un autre, ainsi que du front stratégique de l'armée à tous les points objectifs qu'elle peut avoir le projet d'atteindre.

On comprend dès-lors que tout le théâtre de la guerre se trouve sillonné de pareilles lignes, mais que celles que l'on veut parcourir dans un but quelconque, ont seules une importance réelle, du moins pour une période donnée. Ce fait suffira pour faire saisir la grande différence qui existe entre la ligne générale d'opérations adoptée pour toute une campagne, et ces lignes stratégiques éventuelles et changeantes comme les opérations des armées.

Enfin, indépendamment des lignes stratégiques matérielles ou territoriales, nous avons déjà dit qu'il existait une sorte de combinaison dans la disposition et le choix de ces lignes, qui constituait autant de manœuvres différentes, et nous les avons nommées *lignes stratégiques de manœuvres.*

Une armée qui aurait l'Allemagne pour échiquier général, prendrait pour zone d'opérations l'espace entre les Alpes et le Danube, ou bien celui entre le Danube et le Mayn, enfin celui entre les montagnes de Franconie et la mer. Elle aurait sur la zone adoptée, une ligne d'opérations simple, ou au plus deux lignes d'opérations concentriques, établies sur des directions intérieures et centrales, ou bien extérieures; tandis qu'elle embrasserait peut-être vingt lignes stratégiques successivement, à mesure que ses entreprises se développeraient : elle en aurait d'abord une pour chacune de ses ailes, qui aboutirait à la ligne générale d'opérations; ensuite si elle opérait sur la zone entre le Danube et les Alpes, elle pourrait adopter, selon les événements, tantôt la ligne stratégique qui mènerait d'Ulm sur Donawerth et Ratisbonne, tantôt celle qui mènerait d'Ulm vers le Tyrol; enfin celle qui conduirait d'Ulm sur Nuremberg ou sur Mayence, le tout selon ce qui serait nécessité par la tournure des événements.

On peut donc affirmer, sans encourir le blâme, de faire confusion de mots, que toutes les définitions données à l'article précédent pour les lignes d'opérations, se reproduisent nécessairement pour les lignes stratégiques, de même que les maximes qui en dérivent. Ces lignes devront être *concentriques* quand il s'agira de préparer un choc décisif, puis *excentriques* après la victoire : les lignes stratégiques seront rarement simples, car une armée ne marchera guère sur un seul chemin; mais quand elles seront doubles, triples, quadruples même, elles devront être aussi *intérieures* si les forces des armées sont égales, ou *extérieures* pour celles qui auraient une grande supériorité numérique. On pourrait, il est vrai, dévier parfois d'une application trop rigoureuse de cette maxime, en lançant un corps isolé en direction extérieure, même dans le cas d'égalité de forces, lorsqu'il s'agirait d'obtenir un grand résultat sans courir de grands risques; mais ceci rentre déjà dans la catégorie des détachements que nous traiterons séparément, et ne pourrait point s'appliquer aux masses principales. Il va sans dire aussi que les lignes stratégiques ne sauraient être intérieures dans le cas où les efforts seraient dirigés contre une extrémité du front d'opérations de l'ennemi.

Partant de là on voit que toutes les maximes que nous avons présentées sur les lignes d'opérations, seraient les seules que nous pussions reproduire, et nos lecteurs ne nous blâmeront pas de leur en épargner la répétition, ils sauront bien en faire eux-mêmes l'application.

Il en est cependant encore une qu'il est de notre devoir de signaler, c'est qu'il importe en général, dans le choix des lignes stratégiques instantanées, de s'attacher à ne point mettre la ligne d'opérations entièrement à découvert et en prise à l'ennemi. Cela peut être toléré lorsqu'il s'agit de se soustraire à un grand danger, ou de chercher de grands résultats; mais du moins faut-il, même dans ce cas, que l'opération ne soit pas de longue durée, et que l'on ait eu soin de préparer les moyens de se sauver au besoin par un de ces changements subits de lignes d'opérations que nous avons indiqués plus haut.

Appliquons ces diverses combinaisons aux leçons de l'histoire, c'est le moyen de les mieux saisir; et prenons pour premier exemple la campagne de Waterloo. L'armée prussienne avait pour base le Rhin, sa ligne d'opérations courait de Cologne et de Coblentz sur Luxembourg et sur Namur : Wellington avait pour base Anvers et pour ligne d'opérations la courte route de Bruxelles. La brusque attaque de Napoléon sur Fleurus décida Blücher à recevoir bataille parallèlement à la base des Anglais, et non à la sienne dont il ne parut pas s'inquiéter. Cela était pardonnable, parce qu'à la rigueur il pouvait toujours espérer de regagner Wesel ou du moins Nimègue, et qu'à la dernière extrémité il eût pu même chercher un refuge à Anvers. Mais si une armée prussienne, privée de ses puissants alliés maritimes, avait commis une pareille faute, elle eût été. néantie.

Battu à Ligny et réfugié à Gembloux, puis à Wawre, Blücher n'avait que trois lignes stratégiques à choisir, celle qui menait droit à Mastricht, celle qui allait plus au nord sur Venlo, ou bien celle qui menait à l'armée anglaise vers Mont-St-Jean. Il prit audacieusement la dernière et triompha par l'application des lignes stratégiques intérieures, que Napoléon avait négligées pour la première fois peut-être de sa vie. On conviendra que la ligne suivie, de Gembloux par Wawre sur Mont-St-Jean, n'était ni la ligne d'opérations de l'armée prussienne, ni une ligne de bataille, mais bien une ligne stratégique de manœuvre : ligne centrale ou intérieure, audacieusement choisie, en ce qu'on laissait la ligne naturelle d'opérations à découvert pour chercher son salut dans l'importante jonction des deux armées combinées, ce qui rendait au fond cette résolution conforme aux principes de la guerre.

Un exemple moins heureux fut celui de Ney à Dennewitz : débouchant de Wittenberg sur la direction de Berlin, il se prolongea à droite pour gagner l'extrême gauche des alliés ; mais par ce mouvement il laissait sa ligne primitive de retraite en butte à tous les coups d'un ennemi supérieur en nombre et en troupes aguerries. Il est vrai qu'il avait la mission de se mettre en liaison avec Napoléon, dont le projet était d'aller le joindre par Herzberg ou Luckau ; mais alors le maréchal devait du moins prendre, dès sa première marche, toutes les mesures de logistique et de tactique pour assurer ce changement de ligne stratégique, et en informer son armée. Il n'en fit rien, soit par oubli, soit par le sentiment qui lui faisait prendre en aversion toute supposition de retraite ; les pertes sanglantes qu'il essuya à Dennewitz furent le triste résultat de cette imprudence.

Une des opérations qui retracent le mieux les diverses combinaisons des lignes stratégiques, est celle de Napoléon par les gorges de la Brenta en 1796. Sa ligne générale d'opérations, partant de l'Apennin, aboutissait à Véronne où elle s'arrêtait. Lorsqu'il eut repoussé Wurmser sur Roveredo et qu'il résolut de pénétrer en Tyrol à sa poursuite, il poussa dans la vallée de l'Adige jusque sur Trente et le Lavis, où il apprit que Wurmser s'était jeté par la Brenta sur le Frioul, sans doute pour le prendre à revers. Il n'y avait que trois partis à choisir : rester dans la vallée étroite de l'Adige au risque d'y être compromis ; rétrograder par Véronne au-devant de Wurmser ; ou bien, ce qui était grandiose, mais téméraire, se jeter à la suite de Wurmser dans cette vallée de la Brenta encaissée de montagnes rocailleuses, et dont les deux issues pourraient être barrées par les Autrichiens.

Napoléon n'était pas homme à hésiter entre trois alternatives pareilles : il laissa Vaubois sur le Lavis pour couvrir Trente, et se jeta avec le reste de ses forces sur Bassano ; on sait les brillants résultats de cette marche hardie. Certes la route de Trente à Bassano n'était point la ligne d'opérations de l'armée, mais une ligne stratégique de manœuvre plus audacieuse encore que celle de Blücher sur Wawre. Toutefois il ne s'agissait que d'une opération de 3 à 4 jours, au bout desquels Napoléon serait ou vainqueur ou battu à Bassano : dans le premier cas il ouvrait sa communication directe avec Véronne et avec sa ligne d'opérations ; dans le cas contraire, il regagnait en toute hâte Trente, d'où, rallié à Vaubois, il se replierait également

sur Véronne ou Peschiera. Les difficultés du pays,
qui rendaient cette marche audacieuse sous un
rapport, la favorisaient aussi sous l'autre, car
Wurmser, lors même qu'il eût triomphé ` Bas-
sano, ne pouvait nullement inquiéter le retour
sur Trente, aucun chemin ne lui permettant de
prévenir Napoléon dans cette direction. Il n'y aurait eu que le cas où Davidovich, resté sur le
Lavis, eût chassé Vaubois de Trente, qui eût un
peu embarrassé Napoléon ; mais ce général autrichien, battu antérieurement à Roveredo, ignorant
pendant plusieurs jours ce que faisait l'armée
française, et croyant l'avoir tout entière sur les
bras, aurait à peine songé à reprendre l'offensive
quand Napoléon, repoussé de Bassano, eût été
déjà de retour. Si même Davidovich se fût avancé
jusqu'à Roveredo en poussant Vaubois, il y eût été
entouré dans ce gouffre de l'Adige entre les deux
masses françaises qui lui eussent fait subir le sort
de Vandamme à Culm.

Je me suis étendu sur cet incident, pour montrer que le calcul du temps et des distances, joint
à une grande activité, peut faire réussir bien des
entreprises en apparence tout–à–fait imprudentes.
J'en conclus qu'il est permis quelquefois de jeter
momentanément une armée sur une direction qui

découvrirait la ligne d'opérations , mais qu'il faut prendre toutes ses mesures pour que l'ennemi n'en profite point , tant par la rapidité de l'exécution , que par les démonstrations qui pourraient lui donner le change , et le laisser dans l'ignorance de ce qui se passe. Cependant c'est une manœuvre des plus hasardées et à laquelle on ne doit se résoudre que dans des cas urgents.

Nous croyons avoir suffisamment démontré les diverses combinaisons que présentent ces lignes stratégiques de manœuvre , pour que chacun de nos lecteurs puisse apprécier leurs différentes espèces et les maximes qui doivent présider à leur choix.

## ARTICLE XXIII.

········ ·

*Des moyens d'assurer les lignes d'opérations par des bases passagères ou des réserves straté-giques.*

Lorsqu'on pénètre offensivement dans un pays, on peut et l'on doit même se former *des bases éventuelles* qui, sans être ni aussi fortes ni aussi sûres que celles de ses propres frontières, peuvent néanmoins être considérées comme des bases passagères ; une ligne de fleuve avec des têtes de ponts, avec une ou deux grandes villes à l'abri d'un coup de main pour couvrir les grands dépôts de l'armée et servir à la réunion des troupes de réserve, pourra être une excellente base de cette espèce.

Toutefois il va sans dire qu'une pareille ligne ne saurait point servir de base passagère, si une force hostile se trouvait à proximité de la ligne d'opérations qui conduirait de cette base supposée à la base réelle des frontières. — Ainsi Napoléon aurait eu une bonne base réelle sur l'Elbe en 1813. si l'Autriche était demeurée neutre ; mais cette puissance s'étant déclarée contre lui, la ligne de l'Elbe étant prise à revers, n'était plus qu'un pivot d'opérations très bon pour favoriser une entreprise momentanée, mais dangereux à la longue si l'on venait à y essuyer un échec notable.

Or, comme toute armée battue en pays ennemi peut toujours être exposée à ce que son adversaire manœuvre de manière à la couper de ses frontières si elle persistait à tenir dans le pays, il faut bien reconnaître que ces bases temporaires lointaines seront aussi plutôt des points d'appui instantanés que des bases réelles, et qu'elles rentrent en quelque sorte dans la catégorie des lignes de défense éventuelles.

Quoi qu'il en soit, on ne peut pas non plus se flatter de trouver toujours, dans une contrée envahie, des postes à l'abri d'insulte, propres à offrir des points d'appui convenables pour former une base même temporaire. Dans ce cas on pourra y suppléer par l'établissement d'une réserve stratégique, invention tout-à-fait particulière au système moderne, et dont les avantages comme les inconvénients méritent d'être examinés.

### *Des réserves stratégiques.*

**Les** réserves jouent un grand rôle dans les guerres modernes; à peine en avait-on l'idée autrefois. Depuis le gouvernement qui prépare les réserves nationales, jusqu'au chef d'un peloton de tirailleurs, chacun aujourd'hui veut avoir sa réserve.

Outre les réserves nationales dont nous avons parlé dans le chapitre de la Politique militaire, et qui ne se lèvent que dans les cas urgents, un gouvernement sage a soin d'assurer de bonnes réserves pour compléter les armées actives; c'est ensuite au général à savoir les disposer lorsqu'elles sont dans le rayon de son commandement. Un état aura ses réserves, l'armée aura les siennes, chaque corps d'armée et même chaque division ou détachement, ne manqueront pas non plus de s'en assurer une.

Les réserves d'une armée sont de deux espèces: celles qui sont dans la ligne de bataille, prêtes au combat; celles qui sont destinées à tenir l'armée au complet et qui, tout en s'organisant, peuvent occuper un point important du théâtre de la guerre, et servir même de réserves stratégiques. Sans doute beaucoup de campagnes ont été entreprises et menées à bonne fin, sans qu'on ait songé à de pareilles réserves ; aussi leur établissement dépend-il, non seulement de l'étendue des moyens dont on peut disposer, mais encore de la nature des frontières, et de la distance qui sépare le front d'opérations, ou le but objectif, de la base.

Toutefois, dès qu'on se décide à l'invasion d'une contrée, il est naturel qu'on songe à la possibilité d'être rejeté sur la défensive ; or l'établissement d'une réserve intermédiaire entre la base et le front d'opérations, offre le même avantage que la réserve de l'armée active procurera un jour de bataille ; car elle peut voler sur les points importants que l'ennemi menacerait, sans pour cela affaiblir l'armée agissante. A la vérité, la formation d'une telle réserve exigera certain nombre de régiments qu'on sera obligé de distraire de l'armée active : cependant on ne peut disconvenir qu'une armée un peu considérable a toujours des renforts à attendre de l'intérieur, des recrues à instruire, des milices mobilisées à exercer, des dépôts régimentaires et des convalescents à utiliser : en organisant donc un système de dépôts centraux pour les laboratoires de munitions et d'équipement, en faisant réunir à ces dépôts tous les détachements allant et venant de l'armée, en y joignant seulement quelques bataillons de bonnes troupes pour leur donner un peu plus de consistance, on formerait ainsi une réserve dont on tirerait d'éminents services.

Dans toutes ses campagnes, Napoléon ne manqua pas d'en organiser : même en 1797, dans sa marche audacieuse sur les Alpes Noriques, il eut d'abord le corps de Joubert sur l'Adige, ensuite celui de Victor, revenant des Etats-Romains aux environs de Véronne. En 1805, les corps de Ney et d'Augereau jouèrent alternativement ce rôle en Tyrol et en Bavière, comme Mortier et Marmont autour de Vienne.

Napoléon marchant à la guerre de 1806, forma de pareilles réserves sur le Rhin ; Mortier s'en servit pour soumettre la Hesse. En même temps des secondes réserves se formaient à Mayence sous Kellermann, et venaient, à mesure de leur formation, occuper le pays entre le Rhin et l'Elbe, tandis que Mortier était appelé en Poméranie. Lorsque Napoléon se décida à pousser sur la Vistule à la fin de la même année, il ordonna, avec beaucoup d'étalage, la réunion d'une armée de l'Elbe ; sa force devait être de 60 mille hommes.

son but, de couvrir Hambourg contre les Anglais
et d'imposer à l'Autriche, dont les dispositions
étaient aussi manifestes que les intérêts.

Les Prussiens en avaient formé une semblable à
Halle en 1806 ; mais elle était mal placée : si on
l'avait établie sur l'Elbe à Wittemberg ou Dessau,
et qu'elle eût fait son devoir, elle eût peut-être
sauvé l'armée, en donnant au prince de Hohenlohe
et à Blücher le temps de gagner Berlin ou du moins
Stettin.

Ces réserves seront surtout utiles dans les contrées qui présenteraient un double front d'opérations : elles pourront alors remplir la double destination d'observer le second front, et de pouvoir
au besoin concourir aux opérations de l'armée
principale, si l'ennemi venait à menacer ses flancs,
ou si un revers la forçait à se rapprocher de la réserve. Il est inutile d'ajouter qu'il faut néanmoins
éviter de tomber dans des détachements dangereux ; et toutes les fois qu'on pourra se dispenser
de ces réserves, il faudra le risquer, ou n'y employer du moins que les dépôts. Ce n'est guère que
dans les invasions lointaines, ou dans l'intérieur
de son propre pays, lorsqu'il est menacé d'invasion, qu'elles semblent utiles ; car si l'on fait la
guerre à cinq ou six marches seulement au-delà

de la frontière, pour se disputer une province limitrophe, ces réserves seraient un détachement
tout-à-fait superflu. Dans son propre pays on
pourra le plus souvent s'en dispenser : ce ne sera
que dans les cas d'invasion sérieuse, lorsqu'on
ordonnera de nouvelles levées, qu'une pareille réserve, dans un camp retranché, sous la protection
d'une place servant de grand dépôt, sera même
indispensable. C'est aux talents du général à juger
de l'opportunité de ces réserves, d'après l'état du
pays, la profondeur de la ligne d'opérations, la
nature des points fortifiés qu'on y posséderait,
enfin, d'après la proximité de quelque province
ennemie. Il décidera aussi de leur emplacement et
des moyens d'y utiliser des détachements qui affai-
bliraient moins l'armée active, que si on en tirait
des divisions d'élite.

On me dispensera de démontrer que ces réserves
doivent occuper les points stratégiques les plus intéressants qui se trouveraient entre la base réelle
des frontières et le front d'opérations, ou entre le
point objectif et cette même base : elles garderont
les places de guerre s'il y en a déjà de soumises;
elles observeront ou investiront celles qui ne le
seraient pas; et si l'on n'en possède aucune pour
servir de point d'appui à ces réserves, celles-ci

pourront travailler à tracer du moins quelques camps retranchés ou têtes de ponts, pour protéger les grands dépôts de l'armée, et doubler la force de leur propre position.

Du reste, tout ce que nous avons dit à l'article 20 sur les lignes de défense, relativement aux pivots d'opérations, peut s'appliquer aussi aux bases passagères, comme aux réserves stratégiques, qui seront doublement avantageuses lorsqu'elles posséderont de pareils pivots bien situés.

## ARTICLE XXIV.

*De l'ancien système des guerres de positions et du
système actuel des marches.*

On entend par le système de positions, cette
ancienne manière de faire une guerre méthodique
avec des armées campées sous la tente, vivant de
leurs magasins et de leurs boulangeries, s'épiant
réciproquement, l'une pour assiéger une place,
l'autre pour la couvrir; l'une convoitant une petite province, l'autre s'opposant à ses desseins
par des positions soi-disant inattaquables : système qui fut généralement en pratique depuis le
moyen âge jusqu'à la révolution française.

Dans le cours de cette révolution, de grands
changements survinrent; mais il y eut d'abord divers systèmes, et tous ne furent pas des perfectionnements de l'art. En 1792, on commença la
guerre comme on l'avait finie en 1762 : les armées
françaises campèrent sous leurs places, et les alliés
campèrent pour les assiéger. Ce ne fut qu'en 1793.
lorsqu'elle se vit assaillie au dedans et au dehors.

que la république jeta un million d'hommes et quatorze armées sur ses ennemis; force fut alors de prendre d'autres méthodes; ces armées n'ayant ni tentes, ni solde, ni magasins, marchèrent, bivouaquèrent ou cantonnèrent : leur mobilité s'en accrut et devint un instrument de succès. Leur tactique changea aussi ; leurs chefs les tinrent en colonnes parce qu'elles sont plus faciles à manier que les lignes déployées, et grâces au pays coupé de la Flandre et des Vosges, où ils combattaient, ils jetèrent une partie de leurs forces en tirailleurs pour couvrir leurs colonnes.

Ce système, qui naquit ainsi des circonstances, réussit d'abord au-delà de toute attente ; il déconcerta les troupes méthodiques de la Prusse et de l'Autriche, aussi bien que leurs chefs : Mack, entre autres, auquel on attribuait les succès du prince de Cobourg, augmenta sa réputation en imprimant des instructions pour étendre les lignes afin d'opposer un ordre bien mince à ces tirailleurs!! Le pauvre homme ne s'était pas aperçu que les tirailleurs faisaient le bruit, mais que les colonnes enlevaient les positions !

Les premiers généraux de la république furent des hommes de combat et rien de plus ; la principale direction vint de Carnot et du comité de

salut public ; elle fut quelquefois bonne , mais
aussi souvent mauvaise. Il faut l'avouer néanmoins, un des meilleurs mouvements stratégiques
de cette guerre vint de lui : ce fut celui qui porta,
à la fin de 1793, une réserve d'élite successivement
au secours de **Dunkerque**, de **Maubeuge** et de
**Landau**; en sorte que cette petite masse, transportée en poste, et secondée par les troupes déjà
rassemblées sur les lieux, parvint à faire évacuer
le territoire français.

La campagne de 1794 débuta mal, comme on l'a
déjà dit ; ce fut la force des circonstances qui
amena le mouvement stratégique de l'armée de la
Moselle sur la Sambre, et non un plan prémédité ;
au reste, ce mouvement décida le succès de **Fleurus**
et la conquête de la **Belgique**.

En 1795 , les Français firent de si grandes
fautes, qu'on les imputa à la trahison : les Autrichiens, au contraire, mieux dirigés par **Clairfayt**,
**Chateler** et **Schmidt**, que par **Mack** et le prince
de **Cobourg**, prouvèrent qu'ils concevaient bien la
stratégie.

Chacun sait que l'Archiduc triompha en 1796
de **Jourdan** et de **Moreau**, par une seule marche
qui n'était que l'application des lignes intérieures.

Jusque-là les armées françaises avaient embrassé de grands fronts, soit pour mieux trouver des vivres, soit que les généraux imaginassent de bien faire en mettant toutes leurs divisions en ligne, laissant à leurs chefs le soin de les disposer au combat comme ils l'entendaient, et ne gardant en réserve que de minces détachements incapables de rien réparer si l'ennemi venait à culbuter une seule de ces divisions.

Tel était l'état des choses, lorsque Napoléon débuta en Italie : la vivacité de ses marches dérouta Autrichiens et Piémontais dès ses premières opérations; car, dégagé de tout matériel inutile, il surpassa la mobilité de toutes les armées modernes. Il conquit la Péninsule par une série de marches et de combats stratégiques.

Sa course sur Vienne en 1797 fut une opération téméraire, mais légitimée peut-être par la nécessité de vaincre l'archiduc Charles avant l'arrivée des renforts venant du Rhin.

La campagne de 1800, plus caractérisée encore, signala une ère nouvelle dans la projection des plans de guerre et dans la direction des lignes d'opérations; de là datèrent ces points objectifs hardis qui ne visaient à rien moins qu'à la capture ou à la destruction des armées, et dont nous avons parlé à l'art. 19. Les ordres de bataille

furent également moins étendus, l'organisation
des armées en grands corps de deux ou trois divisions devint plus rationelle. Le système de stratégie moderne fut dès lors porté à son apogée,
car les campagnes de 1805 et de 1806 ne furent
que des corollaires du grand problème résolu en
1800.

Quant à la tactique, celle des colonnes et des tirailleurs, que Napoléon trouva tout établie, convenait trop au sol coupé de l'Italie pour qu'il ne
l'adoptât pas.

Aujourd'hui se présente une question grave et
capitale, c'est de décider si le système de Napoléon
peut aller à toutes les tailles, à toutes les époques,
à toutes les armées ; ou si, en cas contraire, il serait possible que des gouvernements et des généraux pussent revenir au système méthodique des
guerres de position après avoir médité sur les événements de 1800 à 1809. Que l'on compare en effet
les marches et les campements de la guerre de sept
ans avec ceux de la guerre de sept semaines (*), ou
avec les trois mois qui s'écoulèrent depuis le départ du camp de Boulogne en 1805, jusqu'à l'arrivée dans les plaines de la Moravie ; et que l'on

---

(*) Epithète que Napoléon donnait à la campagne de 1806.

décide ensuite si le système de Napoléon est préférable à l'ancien.

Ce système de l'Empereur des Français était *de faire dix lieues par jour, de combattre et de cantonner ensuite en repos.* Il m'a dit lui-même, qu'il ne connaissait pas d'autre guerre que celle-là.

On objectera que le caractère aventureux de ce grand capitaine se réunissait à sa position personnelle, et à la situation des esprits en France, pour l'exciter à faire ce qu'aucun autre chef n'aurait osé tenter à sa place, soit qu'il fût né sur le trône, soit qu'il fût simple général aux ordres de son gouvernement. Si cela est incontestable, il me paraît vrai aussi, qu'entre le système des invasions démesurées et celui des positions, il y a un milieu; en sorte que, sans imiter son audace impétueuse, il sera possible de suivre les routes qu'il a frayées, et que le système des guerres de position sera probablement proscrit pour long-temps, ou du moins considérablement modifié et perfectionné.

Sans doute si l'art se trouve agrandi par l'adoption du système des marches, l'humanité y perdra plus qu'elle n'y gagnera, car ces incursions rapides et ces bivouacs de masses considérables, se nourrissant au jour le jour des contrées

mêmes qu'elles foulent, ne rappellent pas mal les
dévastations des peuples qui se ruèrent sur l'Europe depuis le 4ᵉ jusqu'au 13ᵉ siècle. Toutefois il
est peu probable qu'on y renonce de si tôt, car une
grande vérité a été du moins démontrée par les
guerres de Napoléon, c'est que les distances ne
sauraient plus mettre un pays à l'abri d'invasion,
et que les états qui veulent s'en garantir doivent
avoir un bon système de forteresses et de lignes
de défense, un bon système de réserves et d'institutions militaires, enfin un bon système de politique. Aussi partout les populations s'organisent-
elles en milices pour servir de réserves aux armées
actives, ce qui maintiendra la force des armées
sur un pied de plus en plus formidable ; or plus les
armées sont nombreuses, plus le système des opérations rapides et des prompts dénouements devient une nécessité.

Si dans la suite l'ordre social reprend une assiette plus calme, si les nations, au lieu de combattre pour leur existence, ne se battent plus que
pour des intérêts relatifs, pour arrondir leurs
frontières ou maintenir l'équilibre européen ; alors
un nouveau droit des nations pourra être adopté,
et il sera peut-être possible de mettre les armées
sur un pied réciproque qui soit moins exagéré.

Alors aussi, dans une guerre de puissance à puissance, on pourra voir des armées de 80 à 100 mille hommes revenir à un système de guerre mixte, qui tiendrait le milieu entre les incursions volcaniques d'un Napoléon et l'impassible système des *starke Positionen* du siècle dernier. Jusque-là nous devons admettre ce système de marches qui a produit de si grands événements, car le premier qui oserait y renoncer en présence d'un ennemi capable et entreprenant, en deviendrait probablement la victime.

———

Par la science des marches, on n'entend pas seulement aujourd'hui ces minutieux détails de logistique qui consistent à bien combiner l'ordre des troupes dans les colonnes, le temps de leur départ et de leur arrivée, les précautions de leur itinéraire, les moyens de communications soit entre elles, soit avec le point qui leur est assigné, toutes choses qui font une branche essentielle des fonctions de l'état-major. Mais outre ces détails tout matériels, il existe une combinaison des marches qui appartient aux grandes opérations de la stratégie. Par exemple, la marche de Napoléon par le Saint-Bernard pour tomber sur les

communications de **Mélas** ; celles qu'il fit, en
**1805**, par **Donawerth** pour couper **Mack**, et en
**1806** par **Géra** pour tourner les **Prussiens**; la
marche de **Souwaroff** pour voler de **Turin** sur la
**Trebbia** au-devant de **Macdonald**; celle de l'armée
russe sur **Taroutin**, puis sur **Krasnoi**, furent des
opérations décisives, non par leurs rapports avec
la logistique, mais par leurs rapports avec la stratégie.

Toutefois, à bien considérer, ces marches habiles ne sont jamais qu'un moyen de mettre en
pratique les diverses applications du principe que
nous avons indiqué et que nous développerons
encore : faire une belle marche n'est donc autre
chose que porter la masse de ses forces sur un
point décisif; or, toute la science consistera à
bien déterminer ce point, d'après ce que nous
avons essayé de démontrer à l'article 19. En effet,
que fut la marche du **St.-Bernard**, sinon une
ligne d'opérations dirigée contre une extrémité
du front stratégique de l'ennemi, et de là sur sa
ligne de retraite? Que furent les marches d'**Ulm**
et de **Jéna**, si ce n'est encore la même manœuvre?
Que fut la marche de **Blücher** à **Waterloo**, sinon
l'application des lignes stratégiques intérieures
recommandées dans l'article 22?

De là on peut conclure que tous les mouvements stratégiques qui tendent à porter les masses d'une armée successivement sur les différents points du front d'opérations de l'ennemi, seront des marches habiles, puisqu'elles appliqueront le principe général indiqué, page 157, en mettant en action le gros des forces sur des fractions seulement de l'armée ennemie. Les opérations des Français à la fin de 1793, depuis Dunkerque à Landau, celles de Napoléon en 1796, 1809 et 1814, sont à citer comme modèles en ce genre.

Un des points essentiels de la science des marches, consiste aujourd'hui à savoir bien combiner les mouvements de ses colonnes, de manière à embrasser, sans les exposer, le plus grand front stratégique possible, aussi long-temps qu'elles sont hors de portée de l'ennemi : par ce moyen on parvient à le tromper sur le véritable objectif que l'on se propose; l'armée peut se mouvoir avec plus d'aisance et de rapidité, et trouver plus facilement des vivres. Mais alors il faut aussi savoir prendre d'avance ses mesures de concentration pour réunir ses masses lorsqu'il s'agira d'un choc décisif. Cet emploi alternatif des mouvements larges et des mouvements concentriques, est le véritable cachet d'un grand capitaine.

Il serait inutile de nous étendre sur toutes ces combinaisons, puisqu'elles rentrent, pour leur application, dans la série des maximes déjà présentées.

Nous observerons néanmoins encore qu'il existe une espèce de marches qu'on a désignées sous le nom de marches de flanc, et que nous ne saurions passer sous silence. Dans tous les temps on les a présentées comme des manœuvres hasardées, sans avoir jamais rien écrit de bien satisfaisant sur ce sujet. Si l'on entend par là des manœuvres de tactique faites à la vue de la ligne de bataille ennemie, nul doute qu'un mouvement de flanc ne soit alors une opération fort délicate, bien qu'elle réussisse parfois ; mais si l'on veut parler de marches stratégiques ordinaires, je ne conçois rien au danger d'une marche de flanc, à moins que les plus vulgaires précautions de logistique n'aient été négligées. Dans un mouvement stratégique, les deux corps de bataille ennemis doivent toujours être séparés par un intervalle d'environ deux marches (en comptant la distance qui sépare les avant-gardes respectives, de l'ennemi et de leurs propres colonnes). En pareil cas il ne saurait exister aucun danger réel dans le trajet stratégique d'une position à une autre.

Il y a deux cas néanmoins où une marche de
flanc semble tout-à-fait inadmissible : le premier
est celui où le système de la ligne d'opérations,
des lignes stratégiques et du front d'opérations,
présenterait également le flanc à l'ennemi dans
tout le cours d'une entreprise. Tel fut le fameux
projet de marcher sur Leipzig sans s'inquiéter de
Dresde et des 250 mille hommes de Napoléon,
projet qui, arrêté à Trachenberg au mois d'août
1813, eût été probablement fatal aux armées alliées, si les sollicitations que j'adressai de Jung-
ferteinitz à l'empereur Alexandre, n'eussent
décidé S. M. à le faire modifier. Le second cas,
c'est lorsqu'on aurait une ligne d'opérations lointaine ou profonde, comme celle de Napoléon à
Borodino; surtout si cette ligne d'opérations n'offrait encore qu'une seule ligne de retraite convenable : alors tout mouvement de flanc qui la laisserait en prise, serait une faute grave.

Dans les contrées où les communications secondaires seraient nombreuses, les mouvements
de flanc seront moins dangereux, parce qu'au besoin on pourrait recourir à un changement de ligne d'opérations si l'on était repoussé. L'état physique et moral des armées, le caractère plus ou
moins énergique des chefs et des troupes, peuvent

aussi influer sur l'opportunité de pareils mouvements.

Au fait, les marches souvent citées de Jéna et
d'Ulm furent de véritables manœuvres de flanc,
tout comme celle sur Milan après le passage de la
Chiusella, et celle du maréchal Paskiewicz pour
aller franchir la Vistule à Ossiek; or chacun sait
si elles réussirent.

Il en est autrement des mouvements tactiques,
faits par le flanc en présence de l'ennemi. Ney en
fut puni à Dennewitz, Marmont à Salamanque, et
Frédéric-le-Grand à Kollin.

Cependant la manœuvre de Frédéric-le-Grand
à Leuthen, devenue si célèbre dans les annales de
l'art, fut un véritable mouvement de cette espèce
(voyez chapitre 6 du Traité des grandes opérations); mais habilement couvert par une masse
de cavalerie, caché par les hauteurs, et opéré
contre une armée qui demeurait immobile dans
son camp, il eut un succès immense, parce qu'au
moment du choc ce fut réellement l'armée de
Daun qui prêta le flanc, et non celle du roi. Outre
cela il faut convenir aussi qu'avec l'ancien système
de se mouvoir par lignes, à distance de pelotons,
pour se former sans déploiement par un à-droite
ou un à-gauche en bataille, les mouvements pa-

rallèles à la ligne ennemie ne sont pas des marches de flanc, puisqu'alors le flanc des colonnes n'est en réalité autre chose que le front de la ligne de bataille.

La fameuse marche du prince Eugène en vue du camp français, pour tourner les lignes de Turin, fut bien plus extraordinaire encore que celle de Leuthen, et ne réussit pas moins.

Dans ces différentes batailles, je le répète, ce furent des mouvements tactiques et non stratégiques : la marche du prince Eugène, de Mantoue sur Turin, fut une des plus grandes opérations stratégiques du siècle, mais il s'agit ici du mouvement fait la veille de la bataille pour tourner le camp français. Au reste, la différence des résultats que présentent ces cinq journées, est une preuve de plus qu'en ce point aussi la tactique est variable.

Quant à la partie logistique des marches, bien qu'elle ne forme qu'une des branches secondaires de l'art militaire, elle tient cependant de si près aux grandes opérations qu'elle peut en être regardée comme la partie exécutive; dès lors je crois devoir en dire deux mots, en la réunissant à l'article 41 avec quelques idées sur la logistique en général.

## ARTICLE XXV.

........ ...

### *Des magasins et de leurs rapports avec les marches.*

Les combinaisons qui se lient de plus près au système des marches, sont celles des magasins ; car pour marcher vite et long-temps, il faut des vivres ; or, l'art de faire vivre une armée nombreuse, en pays ennemi surtout, est un des plus difficiles. La science d'un intendant général a ses traités particuliers, auxquels nous renvoyons nos lecteurs, nous bornant à indiquer ce qu'elle a de commun avec la stratégie (*).

Le système d'approvisionnement des anciens n'a pas été bien connu, car tout ce que dit Végèce de l'administration des Romains, ne suffit point pour nous dévoiler les ressorts d'une partie aussi compliquée. Un phénomène qui restera toujours difficile à concevoir, c'est que Darius et Xercès aient pu faire vivre des armées immenses dans la Thrace

---

(*) L'ouvrage du comte Cancrin, jadis intendant général des armées russes, ne saurait être trop recommandé ; il en existe peu d'aussi satisfaisants sur l'art d'administrer les subsistances. .... ...

(la Romélie), tandis que de nos jours on aurait peine à y faire vivre 30 mille hommes. Au moyen âge, les empereurs grecs, les barbares, et plus tard les croisés, y entretinrent aussi des masses d'hommes considérables.

César a dit que la guerre devait nourrir la guerre, et on en a généralement conclu qu'il vivait toujours aux dépens du pays qu'il parcourait.

Le moyen âge fut remarquable par ses grandes migrations de toutes les espèces, il serait fort intéressant de savoir au juste le nombre de Huns, de Vandales, de Goths et de Mongols qui traversèrent successivement l'Europe, et comment ils vécurent dans leurs marches. L'administration des armées de croisés ne serait pas moins curieuse à connaître : manquant de toutes données à ce sujet, il faut bien se contenter de conjectures.

Dans les premiers temps de l'histoire moderne, on doit croire que les armées de François I<sup>er</sup>, franchissant les Alpes pour entrer dans la fertile Italie, ne traînèrent pas de grands magasins à leur suite ; car elles n'étaient fortes que de 40 à 50 mille hommes, et une armée pareille n'est pas embarrassée de vivre dans les riches vallées du Tessin et du Pô.

Sous Louis XIV et Frédéric II, les armées plus considérables, et combattant sur leurs propres frontières, vécurent régulièrement des magasins et boulangeries qui les suivaient; ce qui gênait beaucoup les opératio*s*, en ne permettant pas de s'éloigner des dépôts au-delà d'un espace proportionné aux moyens de transport, à la quantité de rations qu'ils pouvaient porter, et au nombre de jours qu'il fallait aux voitures pour aller et revenir des dépôts jusqu'au camp.

Dans la révolution, la nécessité fit mépriser les magasins : des armées nombreuses, envahissant la Belgique et l'Allemagne sans approvisionnements, vécurent tantôt chez les habitants, tantôt de réquisitions frappées sur le pays, enfin de maraude et de pillage. Marcher en cantonnant chez les habitants est très possible en Belgique, en Italie, en Souabe, sur les riches bords du Rhin et du Danube, surtout si l'armée, marchant en plusieurs colonnes, n'excède pas 100 à 120 mille hommes ; mais cela devient très difficile dans d'autres contrées, et impossible en Russie, en Suède, en Pologne, en Turquie. On conçoit combien une armée agit avec plus de vélocité et d'impétuosité, lorsqu'elle n'a d'autre calcul à faire que celui de la vigueur des jambes de ses soldats. Ce système donna de grands avantages à Napoléon; mais il en abusa, en l'étendant sur une échelle excessive, et dans des contrées où il était impraticable.

Un général d'armée doit savoir faire concourir à ses entreprises toutes les ressources existantes dans le pays qu'il envahit; il doit employer les autorités, lorsqu'elles y restent, à frapper des réquisitions uniformes et légales qu'il fera exactement payer s'il en a les moyens : lorsque les autorités ne restent pas, il doit en établir de provisoires, composées des notables, et revêtues de pouvoirs extraordinaires. On fera réunir ces provisions requises sur les points les plus sûrs et les plus favorables aux mouvements de l'armée d'après les principes des lignes d'opérations. Afin de ménager les approvisionnements, on pourra faire cantonner le plus de troupes possible dans les villes et villages, sauf à indemniser les habitants de la surcharge qui en résultera. L'armée, outre ses vivres et fourrages, aura des parcs de voitures auxiliaires fournies par le pays, pour que les approvisionnements puissent lui arriver partout où elle resterait stationnaire.

Il est aussi difficile d'établir des règles sur ce qu'il serait prudent d'entreprendre sans former à l'avance des magasins, que de tracer la démarcation exacte entre le possible et l'impossible. Les contrées, les saisons, la force des armées, l'esprit de la population, tout varie dans ces combinaisons; mais on peut établir comme maximes générales :

1° Que dans des contrées fertiles et peuplées, dont les habitants ne seraient pas hostiles, une armée de 100 à 120 mille hommes, allant à l'ennemi mais encore assez éloignée de lui pour pouvoir embrasser sans danger une certaine étendue de pays, peut marcher durant tout le temps qu'exige une opération donnée, en tirant ses ressources du pays. Or, comme une première opération n'exige jamais au-delà d'un mois, pendant lequel le gros des masses sera en mouvement, il suffira de pourvoir, par des approvisionnements de réserve, aux besoins éventuels de l'armée, et surtout à ceux des forces qui seraient obligées de stationner sur un même point. Par exemple, l'armée de Napoléon, à moitié réunie autour d'Ulm pour y bloquer Mack, pouvait avoir besoin de biscuit jusqu'à la reddition de la ville, et si elle en eût manqué, l'opération aurait pu échouer.

2° Pendant ce temps il faudra s'appliquer à réunir, avec toute l'activité possible, les res-

sources qu'offre le pays, pour former des magasins de réserve et subvenir aux besoins qu'éprou-
verait l'armée après la réussite de l'opération, soit
pour se concentrer dans des positions de repos,
soit pour partir de là et marcher à de nouvelles
entreprises.

3° Les magasins qui auraient été rassemblés par
des achats ou des réquisitions sur le pays, doivent être échelonnés autant que possible sur trois
différents rayons de communications, ce qui fa-
cilitera, d'un côté l'approvisionnement de chacune
des ailes de l'armée, et de l'autre la plus grande
extension possible de la sphère des réquisitions
successives, enfin le moyen de mieux couvrir, sinon la totalité, du moins une bonne partie de la
ligne des dépôts. Dans ce dernier but il ne serait
point inutile que les dépôts des deux ailes fussent
établis sur des rayons convergents vers la ligne
d'opération principale, qui se trouvera ordinairement être celle du centre. Par cette précaution on
obtiendra deux avantages réels, le premier de
mettre les magasins mieux à l'abri des insultes de
l'ennemi, en augmentant la distance qui les sépare
de lui; le second serait de faciliter les mouvements concentriques en arrière, que l'armée pourrait exécuter pour se réunir sur un seul point de

la ligne d'opérations, dans le but de tomber à son tour sur l'ennemi, et de lui arracher, en ressaisissant l'initiative d'attaque, l'ascendant momentané qu'il aurait acquis.

4° Dans les pays où la population est trop rare et le sol peu fertile, une armée manquera des ressources les plus essentielles; dès lors il sera prudent de ne pas l'éloigner à de trop grandes distances des magasins, et de traîner avec soi des approvisionnements de réserve suffisants pour lui donner le temps, au besoin, de se replier sur la base de ses grands dépôts.

5° Dans les guerres nationales et dans les pays où la population entière fuit et détruit tout, comme cela est arrivé en Espagne, en Portugal, en Russie, en Turquie, il est impossible de marcher sans se faire suivre par des magasins réguliers, et sans avoir une base sûre d'approvisionnements à proximité du front d'opérations; ce qui rend la guerre d'invasion beaucoup plus difficile, pour ne pas dire impossible.

6° Il ne suffit pas d'assembler d'immenses provisions, il faut encore les moyens de leur faire suivre l'armée, et c'est en cela que consiste la plus grande difficulté, surtout lorsqu'on veut marcher à des entreprises vives et rapides. Pour fa-

ciliter la marche des magasins, il faut, en premier
lieu, les composer des denrées les plus portatives,
telles que le biscuit, le riz, etc. ; ensuite il faudra
avoir des voitures d'équipages militaires qui réunissent la légèreté et la solidité, afin de pouvoir
passer sur toutes sortes de routes. Il importera
aussi, comme nous l'avons dit, de réunir le plus
de voitures du pays qu'on le pourra, en veillant à
ce que les propriétaires ou conducteurs soient
bien traités et protégés par les troupes : on en formera des parcs échelonnés pour ne pas les éloigner trop de leurs foyers, et se ménager des ressources successives. Enfin il sera nécessaire
d'habituer le soldat à porter pour quelques jours
de biscuit, de riz, ou même de farine à défaut d'autres provisions.

7° Le voisinage de la mer offre de très grandes
facilités pour les approvisionnements d'une armée;
celle qui est maîtresse de la mer, semble ne devoir jamais manquer de rien. Toutefois, cet avantage n'est pas sans inconvénient pour une grande
armée continentale, car dans le but de rester en
relations sûres avec ses magasins, elle se laissera
entraîner à porter ses opérations sur le rivage, ce
qui pourrait l'exposer à de cruels désastres, si
l'ennemi agissait avec la masse de ses forces sur

l'extrémité opposée à la mer (*). Si elle s'éloigne
trop du rivage, elle peut alors être exposée à
voir ses communications menacées ou même in-
terceptées, et les moyens matériels de toute espèce devront s'augmenter à mesure qu'elle s'éloignera.

8° L'armée continentale, qui emploiera la mer
pour faciliter ses arrivages, ne doit pas négliger
d'avoir sa base principale d'opérations par terre,
avec une réserve d'approvisionnements indépen-
dante des moyens maritimes, et une ligne de retraite sur l'extrémité de son front stratégique qui
serait opposée à la mer.

9° Les fleuves et rivières navigables, dont le
cours serait parallèle à peu près avec les routes
qui serviraient de lignes d'opérations à l'armée,
fourniraient, ainsi que les canaux, de grandes
facilités pour les transports de vivres; et quoique
ces moyens ne soient pas comparables à ceux que
procure la grande navigation, ils n'en seraient pas

(*) On comprend que je ne veux parler ici que des guerres entre
nations européennes qui savent manœuvrer : on pourrait dévier de
ces règles contre des hordes Asiatiques ou des Turcs, peu à craindre
en campagne ; ils n'ont ni l'instruction militaire, ni des troupes capables de punir des fautes que l'on commettrait devant eux.

moins très précieux. On en a conclu avec raison que les lignes d'opérations parallèles à un fleuve sont les plus favorables, surtout en ce qu'elles rendent les arrivages plus faciles, et permettent de diminuer de beaucoup l'embarras des voitures; mais, loin que le fleuve fût en lui-même la véritable ligne d'opérations, comme on l'a prétendu, il faudrait toujours avoir soin que la plus grande partie des troupes pût s'en tenir éloignée, afin d'éviter que l'ennemi, venant les attaquer en forces sur l'extrémité opposée au fleuve, ne les plaçât dans une position tout aussi fâcheuse que si elles étaient acculées à la mer.

Il faut observer encore, qu'en pays ennemi il est assez rare de pouvoir profiter d'un fleuve pour les arrivages de vivres, soit parce qu'on en détruit les barques, soit parce que des corps légers pourraient inquiéter la navigation. Pour la rendre sûre, il faudrait porter des corps sur les deux rives, ce qui n'est pas sans danger, comme Mortier l'éprouva à Dirnstein. Dans un pays ami ou allié le cas est différent, et les avantages des fleuves sont plus réels.

10° A défaut de pain ou de biscuit, la viande sur pied a souvent suffi aux besoins pressants d'une armée; et, dans les contrées populeuses, les bestiaux sont toujours assez abondants pour y pourvoir durant quelque temps. Mais ces ressources sont aussi bientôt épuisées, et elles entraînent les troupes à la maraude ; il importe donc de régulariser par tous les moyens possibles les réquisitions de bestiaux, de les payer si l'on peut, et surtout de faire suivre les colonnes par des bœufs achetés hors de la sphère des marches de l'armée.

Je ne saurais terminer cet article sans citer un propos de Napoléon qui paraîtra bizarre, mais qui a toutefois son bon côté. Je lui ai entendu dire que, dans ses premières campagnes, l'armée ennemie était toujours si bien pourvue, que, lorsqu'il se trouvait embarrassé de nourrir la sienne, il n'avait qu'à la jeter sur les derrières de l'ennemi, où il était certain de trouver tout en abondance. Maxime sur laquelle il serait sans doute bien absurde d'asseoir un système, mais qui explique peut-être le succès de plus d'une entreprise téméraire, et qui démontre combien la véritable guerre diffère des calculs trop compassés.

## ARTICLE XXVI.

........

*Des frontières et de leur défense par les forteresses ou par des lignes retranchées. De la guerre de siéges.*

Les forteresses ont deux destinations capitales à remplir; la première, c'est de couvrir les frontières; la seconde, de favoriser les opérations de l'armée en campagne.

La défense des frontières d'un état par des places est en général une chose un peu vague; sans doute, comme nous l'avons dit à l'article des lignes de défense, il y a quelques contrées dont les abords, couverts par de grands obstacles naturels, offrent très peu de points accessibles qu'il serait possible de couvrir encore par des ouvrages de l'art; mais dans les pays ouverts la chose est plus difficile. Les chaînes des Alpes, des Pyrénées, celles moins élevées des Crapacks, du Riesengebirg, de l'Erzgebirg, du Bohmerwald, de la Forêt-Noire, des Vosges, du Jura, sont toutes plus ou moins susceptibles d'être couvertes par un bon système de places. (Je ne parle pas du Caucase, aussi élevé

que les grandes Alpes, parce qu'il ne sera probablement jamais le théâtre de grandes opérations
stratégiques. )

De toutes ces frontières, celle entre la France
et le Piémont était la mieux couverte; les vallées
de la Sture et de Suze, les passages de l'Argen-
tière, du Mont-Genèvre, du Mont-Cenis, seuls
réputés _ raticables, étaient couverts de forts en
maçonnerie, puis des places considérables se
trouvaient aux débouchés des vallées dans les plaines du Piémont : rien ne paraissait plus difficile à
vaincre.

Toutefois, il faut bien l'avouer, ces belles défenses de l'art n'empêcheront jamais entièrement
une armée de passer, d'abord parce que les petits
forts qu'on peut construire dans les gorges, sont
susceptibles d'être enlevés, ensuite parce qu'on
trouve toujours quelque chemin jugé impraticable
et où un ennemi audacieux parvient, à force de
travail, à se frayer une issue. Le passage des Alpes
par François I$^{er}$, si bien décrit par Gaillard, celui
du Saint-Bernard par Napoléon, enfin l'expédition
du Splugen si bien racontée par Mathieu Dumas,
prouvent que Napoléon disait avec raison à ce général, *qu'une armée passe partout où un homme
peut poser le pied!!* Maxime peut-être un peu exa-

gérée, mais qui caractérise ce grand capitaine, et qu'il a appliquée lui-même avec tant de succès! Nous dirons plus loin quelques mots sur cette guerre de montagnes.

D'autres contrées sont couvertes par de grands fleuves, sinon immédiatement en première ligne, du moins en seconde. Il est étonnant cependant que ces lignes, qui semblent si bien faites pour séparer des nations, sans intercepter leurs rapports de commerce et de voisinage, ne forment nulle part la ligne réelle des frontières ; car on ne pouvait pas dire que la ligne du Danube séparât la Bessarabie de l'empire Ottoman tant que les Turcs avaient pied dans la Moldavie. De même le Rhin ne fut jamais une frontière réelle entre la France et l'Allemagne, puisque les Français eurent long-temps des places à la rive droite, tandis que les Allemands avaient Mayence, Luxembourg et les têtes de pont de Manheim et de Wesel sur la rive gauche.

Toutefois si le Danube, le Rhin, le Rhône, l'Elbe, l'Oder, la Vistule, le Pô et l'Adige, ne sont nulle part des lignes de première frontière, cela n'empêche pas de les fortifier comme lignes de défense permanentes, sur tous les points où ils pourront offrir un système de défense satisfaisant, pour couvrir un front d'opérations.

Une des lignes de ce genre qu'on peut citer pour exemple est celle de l'Inn, qui séparait la Bavière de l'Autriche ; flanqué au sud par les Alpes Tyroliennes, au nord par celles de Bohême et par le Danube, son front, qui n'est pas étendu, se trouve couvert par les places de Passau, Braunau et Salzbourg. Lloyd compare, avec un peu de poésie, cette frontière à deux bastions inexpugnables, dont la courtine, formée de trois belles places, a pour fossé un des fleuves les plus impétueux ; mais il s'est un peu exagéré ces avantages matériels, car l'épithète d'inexpugnables dont il les décore a reçu trois sanglants démentis dans les campagnes de 1800, 1805, 1809.

La plupart des états européens, loin d'avoir des frontières aussi formidables que celles des Alpes et de l'Inn, présentent des pays de plaines ouvertes, ou des montagnes accessibles sur un nombre considérable de points; notre projet n'étant pas d'offrir la géographie militaire de l'Europe, nous nous bornerons à présenter les maximes générales qui peuvent s'appliquer à toutes les contrées indistinctement.

Lorsqu'une frontière se trouve en pays ouvert, il faut bien renoncer à l'idée de vouloir en faire une ligne formelle et complète de défense en y multipliant des places trop nombreuses, qui exigent des armées pour en garnir les remparts, et en définitive n'empêchent jamais d'entrer dans le pays. Il sera plus sage de se contenter d'y établir quelques bonnes places habilement choisies, non plus pour empêcher l'ennemi de pénétrer, mais pour augmenter les entraves de sa marche, tout en protégeant et favorisant au contraire les mouvements des armées actives chargées de le repousser.

S'il est vrai qu'une place soit rarement par elle-même un obstacle absolu à la marche de l'armée ennemie, il est incontestable qu'elle la gêne, qu'elle la force à des détachements, à des détours dans sa marche; d'un autre côté, elle favorise au contraire l'armée qui la possède, en lui donnant tous les avantages opposés; elle assurera ses marches, favorisera le déboucher de ses colonnes si elle est sur un fleuve; couvrira ses magasins, ses flancs et ses mouvements; enfin lui donnera un refuge au besoin.

Les forteresses ont donc une influence manifeste sur les opérations militaires, mais l'art de les construire, de les attaquer et de les défendre tenant à l'arme spéciale du génie, il serait étranger à notre but de traiter ces matières, et nous nous bornerons à examiner les points par lesquels elles tiennent à la stratégie.

Le premier est le choix du site où il convient d'en construire. Le deuxième est la détermination des cas dans lesquels on peut mépriser les places pour passer outre, et ceux dans lesquels on est forcé de les assiéger. Le troisième consiste dans les rapports existants entre le siége de la place et l'armée active qui doit le couvrir.

Autant une place bien située favorise les opérations, autant les places établies hors des directions importantes sont funestes : c'est un fléau pour l'armée qui doit s'affaiblir à l'effet de les garder, et un fléau pour l'état qui dépense des soldats et de l'argent en pure perte. J'ose affirmer que beaucoup de places en Europe sont dans ce cas.

L'idée de ceindre toutes les frontières d'un état de places fortes très rapprochées, est une calamité; on a faussement imputé ce système à Vauban, qui loin de l'approuver, disputait avec Louvois sur le grand nombre de points inutiles que ce ministre voulait fortifier. On peut réduire les maximes de cette partie de l'art aux principes ci-après :

1° Un état doit avoir des places échelonnées sur

trois lignes depuis la frontière jusque vers la capitale (*). Trois places en première ligne, autant en seconde , et une grande place d'armes en troisième ligne, près du centre de puissance, forment un système à peu près complet pour chaque partie des frontières d'un état. S'il y a quatre fronts pareils , cela fera de 24 à trente places.

On objectera peut-être que ce nombre est déjà très considérable, et que l'Autriche même n'en avait pas autant. Mais il faut considérer que la France en a plus de 40 sur un tiers seulement de sa frontière ( de Besançon à Dunkerque ), sans que pour cela elle en ait suffisamment en troisième ligne , au centre de sa puissance. Un comité, réuni il y a quelques années, pour statuer sur ces forteresses, a conclu qu'il fallait en ajouter encore. Cela ne prouve pas qu'il n'y en ait déjà trop , mais bien qu'il en manque sur des points importants, tandis que celles de première ligne, trop entassées, doivent être maintenues parce qu'elles existent. En comptant que la France a deux fronts de Dunkerque à Bâle , un de Bâle à la Savoie, un

---

(*) La campagne mémorable de 1829 a encore prouvé ces vérités. Si la Porte avait eu de bons forts en maçonnerie dans les défilés du Balkan, et une belle place vers Faki , nous ne serions pas arrivés à Andrinople, et les événements auraient pu se compliquer.

de la Savoie à Nice, outre la ligne tout-à-fait séparée des **Pyrénées**, et la ligne maritime des côtes
de l'Océan, il en résulte qu'elle a six fronts à couvrir, ce qui exigerait de 40 à 50 places. Tout militaire conviendra que c'est autant qu'il en faut,
car le front de la Suisse et celui des côtes de l'O-
céan en exigent moins que ceux du Nord-Est.
L'essentiel pour qu'elles atteignent leur but, est de
les établir d'après un système bien combiné. Si
l'Autriche eut un nombre de places moins considérable, c'est qu'elle était entourée des petits états
de l'empire germanique, qui, loin de la menacer,
mettaient leurs propres forteresses à sa disposition.

Au surplus, le nombre indiqué n'exprime que
celui qui paraît nécessaire à une puissance présentant quatre fronts à peu près égaux en développement. La monarchie prussienne, formant une
immense pointe de Kœnisberg jusqu'aux portes
de Metz, ne saurait être fortifiée sur le même
système que la France, l'Espagne ou l'Autriche.
Ainsi les dispositions géographiques, ou l'extrème
étendue de quelques états, peuvent faire diminuer
ou augmenter ce nombre, surtout lorsqu'il y a des
places maritimes à y ajouter.

2° Les forteresses doivent toujours être cons-

truites sur des points stratégiques importants dé-
signés à l'article 19. Sous le rapport tactique
on doit s'attacher à les asseoir de préférence
dans un site qui ne soit pas dominé, et qui,
facilitant le déboucher, rendrait le blocus plus
difficile.

3° Les places qui réuniront le plus d'avantages
soit pour leur propre défense, soit pour favoriser
les opérations des armées actives, sont incontestablement celles qui se trouvent à cheval sur de
grands fleuves dont elles dominent les deux
rives : Mayence, Coblentz, Strasbourg, en y
comprenant Kehl, sont de vrais modèles en ce
genre.

Cette vérité admise, on doit reconnaître aussi
que les places établies au confluent de deux
grandes rivières ont l'avantage de dominer trois
fronts d'opérations différents, ce qui augmente
leur importance (la place de Modlin est dans ce
cas). Mayence, lorsqu'elle avait encore le fort de
Gustavsbourg à la rive gauche du Meyn, et Cassel
à la droite, était la plus formidable place d'armes
de l'Europe; mais comme elle exigerait une garnison de 25 mille hommes, un état ne saurait en
avoir beaucoup de cette étendue.

4° Les grandes places ceignant des villes popu-

leuses et commerçantes, offrent des ressources
pour une armée ; elles sont beaucoup préférables
aux petites, surtout lorsqu'on peut encore compter sur l'aide des citoyens pour seconder la garnison : Metz arrêta toute la puissance de Charles-
Quint ; Lille suspendit toute une année les
opérations d'Eugène et de Marlborough ; Strasbourg fut maintes fois le boulevard des armées
françaises. Dans les dernières guerres, on a dépassé ces places, parce que tous les flots de l'Europe en armes se précipitaient sur la France ; mais
une armée de 150 mille Allemands, qui aurait devant elle 100 mille Français, pourrait-elle impunément pénétrer sur la Seine en méprisant de
pareilles places bien munies ? C'est ce que je me
garderai d'affirmer.

5° Jadis on faisait la guerre aux places, aux
camps, aux positions : dans les derniers temps,
au contraire, on ne la faisait plus qu'aux forces
organisées, sans s'inquiéter ni des obstacles matériels, ni de ceux de l'art. Suivre exclusivement
l'un ou l'autre de ces systèmes serait également
un abus. La véritable science de la guerre consiste à prendre un juste milieu entre les deux extrêmes.

Sans doute, le plus important sera toujours de

viser d'abord à battre complètement, et à dissoudre les masses organisées de l'ennemi qui tiendraient la campagne ; pour atteindre ce point décisif on peut dépasser les forteresses ; mais si l'on n'obtenait qu'un demi-succès, alors il deviendrait imprudent de poursuivre une invasion sans mesure. Au reste, tout dépend de la situation et de la force respective des armées, ainsi que de l'esprit des populations.

L'Autriche, guerroyant seule contre la France, ne pourrait pas répéter les opérations de la grande alliance de 1814. De même, il est probable que l'on ne verra pas de si tôt 50 mille Français se hasarder au-delà des Alpes Noriques, au cœur de la monarchie autrichienne, comme Napoléon le fit en 1797 (*). De pareils événements dépendent d'un concours de circonstances qui font exception aux règles communes.

6° On conclura de ce qui précède : que des pla-

---

(*) Je ne blâme pas Napoléon d'avoir pris l'offensive dans le Frioul ; il avait devant lui 35 mille Autrichiens, qui en attendaient 20 mille venant du Rhin ; le général français attaqua l'Archiduc avant l'arrivée de ces renforts, et poussa vivement ses succès, parce qu'il n'y avait rien devant lui qui pût compromettre sa pointe. Il opéra dans les règles, à cause des antécédents et de la position respective des deux partis.

ces sont un appui essentiel, mais que l'abus en
serait nuisible, puisque au lieu d'ajouter aux
forces de l'armée active, il les énerverait en les
divisant ; qu'une armée , voulant avec raison
chercher à détruire les forces ennemies en campagne, peut sans danger se glisser entre plusieurs
places pour atteindre ce but, en ayant soin toutefois de les faire observer ; qu'elle ne saurait cependant envahir un pays ennemi en passant un
grand fleuve, comme le Danube, le Rhin, l'Elbe,
sans réduire au moins une des places situées sur
ce fleuve, afin d'avoir une ligne de retraite assurée. Maîtresse d'une telle place, l'armée pourra
alors continuer l'offensive tout en employant son
matériel de siége à réduire successivement d'autres forteresses ; car plus l'armée agissante avancera, plus le corps de siége pourra se flatter
de terminer l'entreprise sans être entravé par
l'ennemi.

7° Si les grandes places sont bien plus avantageuses que les petites, lorsque la population est
amie, il faut convenir aussi que ces dernières peuvent avoir cependant leur degré d'importance,
non pour arrêter l'ennemi qui les masquerait facilement, mais pour favoriser les opérations de
l'armée en campagne ; le fort de Kœnigstein fut

aussi utile aux **Français** en **1813**, que la vaste place de **Dresde**, parce qu'il procurait une tête de pont sur l'**Elbe**.

**Dans** les pays de montagnes, de petits forts bien situés valent des places, car il ne s'agit que de fermer des passages, et non de servir de refuge à une armée ; le petit fort de **Bard** faillit arrêter l'armée de **Bonaparte** dans la vallée d'**Aoste** en **1800**.

**8°** Il faut déduire de là que chaque partie des frontières d'un état doit être entremêlée d'une ou de deux grandes places de refuge, de places secondaires, et même de petits postes propres à faciliter les opérations des armées agissantes. Des villes ceintes de murailles avec un mince fossé, peuvent même être fort utiles dans l'intérieur du pays, pour y placer des dépôts, étapes, magasins, hôpitaux, etc., à l'abri des corps légers qui battraient le pays ; surtout si la garde en était confiée aux milices mobilisées, pour ne pas affaiblir l'armée.

**9°** Les grandes places situées hors des directions stratégiques, sont un malheur réel pour l'état et l'armée.

**10°** Celles qui sont sur les rives de la mer ne peuvent avoir d'importance que dans des combinai-

sons de guerre maritime, ou pour des magasins :
elles peuvent devenir désastreuses pour une armée
continentale, en lui offrant la perspective trom-
peuse d'un appui. Beningsen faillit compromettre
les armées russes en se basant, en 1807, sur
Kœnigsberg, à cause de la facilité que cette ville
donnait pour ses approvisionnements. Si l'armée
russe, au lieu de se concentrer en 1812 sur Smolensk, avait voulu s'appuyer sur Dunabourg et
Riga, elle aurait couru risque d'être refoulée sur
la mer, coupée de toutes ses bases de puissance,
et anéantie.

———

Quant aux rapports qui existent entre les siéges
et les opérations des armées actives, ils sont de
deux espèces.

Si l'armée d'invasion peut se passer d'attaquer
les places qu'elle dépasse, elle ne peut se dispenser de les faire bloquer, ou du moins de les observer : dans les cas où il y en aurait plusieurs
sur un espace rapproché, il faudra laisser un
corps entier sous un même chef, qui les investira
ou observera selon les circonstances.

Lorsque l'armée d'invasion décide l'attaque
d'une place, elle charge spécialement un corps

suffisant d'en former le siége en règle : le reste de l'armée peut, ou continuer sa marche offensive, ou prendre position pour couvrir le siége.

Jadis on avait le faux système de cerner une place par une armée entière, qui s'enterrait elle-même dans des lignes de circonvallation et de contrevallation, coûtant autant de frais et de peines que le siége même. La fameuse affaire des lignes de Turin en 1706, où le prince Eugène de Savoie força, avec 40 mille hommes, une armée française de 78 mille, bien retranchée, mais qui avait six lieues de fortifications à garder et se trouvait inférieure partout, suffit pour détruire ce ridicule système.

Aussi, malgré la juste admiration que l'on peut éprouver au récit des merveilleux travaux exécutés par César pour investir Alise, et malgré tout ce qu'en dit Guichard, aucun général ne s'avisera de nos jours d'imiter cet exemple (*). Cependant, tout en blâmant les lignes de circonvallation, il faut reconnaître la nécessité pour un corps d'investissement, de doubler la force de ses positions par des ouvrages détachés, qui domineraient les

---

(*) Il ne s'agit ici que de lignes contiguës; on ne doit pas négliger de fortifier une position d'investissement par des ouvrages détachés.

issues par où la garnison ou les troupes de secours pourraient l'inquiéter, ainsi que Napoléon le fit à Mantoue, et les Russes à Varna. Quoi qu'il en soit, l'expérience a démontré que le meilleur moyen de couvrir un siége est de battre et de poursuivre, le plus loin possible, les corps de troupes ennemies qui pourraient le troubler. C'est celui qu'on doit adopter, à moins que l'infériorité numérique des forces ne s'y oppose. Dans ce cas, il faut prendre une position stratégique qui couvre les avenues par où l'armée de secours pourrait arriver ; et dès qu'elle s'approche, il convient de réunir tout ce qu'on peut du corps de siége avec l'armée d'observation, afin de tomber sur la première et de décider, par un coup de vigueur, si le siége pourra se continuer on non.

Bonaparte, devant Mantoue en 1796, a offert le modèle des opérations les plus sages et les plus habiles qu'une armée d'observation puisse entreprendre ; nous renvoyons donc nos lecteurs à ce que nous en avons dit dans l'histoire des guerres de la révolution.

### *Des lignes retranchées.*

Outre les lignes de circonvallation et de contre-vallation, dont nous avons parlé plus haut, il en existe d'une autre espèce, qui, plus vastes et plus étendues encore, tiennent en quelque sorte à la fortification permanente, puisqu'elles doivent mettre à couvert une partie des frontières d'un état.

Autant une forteresse ou un camp retranché construit pour servir de refuge momentané à une armée offrent d'avantages, autant le système de pareilles lignes retranchées est absurde.

On conçoit qu'il n'est pas question ici d'une ligne de retranchements peu étendue, qui fermerait une gorge étroite; ceci rentre dans le système des forts, comme celui de Fussen ou de Scharnitz, dont nous avons parlé; mais il s'agit de lignes étendues de plusieurs lieues et destinées à fermer toute une partie de frontières, comme par exemple celles de Wissembourg: couvertes par la Lautern qui coule devant le front, appuyées au Rhin à droite et aux Vosges à gauche, ces lignes semblaient remplir toutes les conditions nécessaires pour être à l'abri d'attaque, et cependant elles furent forcées aussi souvent qu'assaillies.

Les lignes de Stollhofen, qui jouaient sur la droite du Rhin le même rôle que celles de Wissembourg sur la gauche, ne furent pas plus heureuses. Celles de la Queich et de la Kinzig eurent le même sort.

Les lignes de Turin (1706) et celles de Mayence

(1795), quoique destinées à servir de circonvallation, offrent une analogie complète avec toutes les lignes possibles, sinon par leur force, du moins par leur étendue, et par le sort qu'elles éprouvèrent.

Quelque bien appuyées par des obstacles naturels que soient ces lignes, il est certain qu'indépendamment de leur grande étendue, qui paralyse leurs défenseurs, elles seront presque toujours susceptibles d'être tournées. S'enterrer ainsi dans des retranchements où l'on peut être débordé, enveloppé et compromis, et où l'on est toujours forcé de front lors même qu'on serait à l'abri d'être tourné, c'est donc une sottise manifeste, dans laquelle il faut espérer qu'on ne retombera plus.

Quoi qu'il en soit, nous donnerons, au chapitre de la Tactique (art. 35), quelques notions sur la manière de les attaquer ou de les défendre.

En attendant il ne sera pas inutile d'ajouter ici, qu'autant il semblerait ridicule aujourd'hui de s'enterrer dans des lignes contiguës, autant il serait absurde de négliger l'usage des ouvrages détachés, pour augmenter la force d'un corps de siége, la sûreté d'une position, ou la défense d'un défilé, ce qui rentre du reste dans les catégories que nous traiterons plus loin.

## ARTICLE XXVII.

+++++++

*Rapports des camps retranchés et têtes de ponts avec la stratégie.*

Il serait déplacé de donner ici des détails sur l'assiette des camps ordinaires, sur les mesures pour couvrir des avant-gardes, aussi bien que sur les ressources qu'offre la fortification passagère pour la défense des postes. Les camps retranchés seuls appartiennent aux combinaisons de la grande tactique, et même de la stratégie, par l'appui qu'ils prêtent momentanément à une armée.

On verra, par l'exemple du camp de Buntzelwitz, qui sauva Frédéric en 1761, par ceux de Kehl et de Dusseldorf en 1796, qu'un tel refuge peut avoir une grande importance. En 1800, le camp retranché d'Ulm donna à Kray le moyen d'arrêter un mois entier l'armée de Moreau sur le Danube. On sait tous les avantages que Wellington tira de celui de Torrès-Védras, et ceux que Schoumla procure aux Turcs pour défendre le pays entre le Danube et le Balkan.

La principale règle à donner sur cette matière, c'est que les camps soient établis sur un point à la fois stratégique et tactique ; si celui de Drissa fut inutile aux Russes en 1812, c'est qu'il était placé hors de la véritable direction de leur système défensif, qui devait pivoter sur Smolensk et Moscou ; aussi fallut-il l'abandonner au bout de quelques jours.

Les maximes que nous avons données pour la détermination des grands points décisifs en stratégie, peuvent s'appliquer à tous les camps retranchés, car c'est sur de pareils points seulement qu'il est convenable de les placer. La destination de ces camps varie ; ils peuvent également servir de points de départ pour une opération offensive, de têtes de ponts pour déboucher au-delà d'un grand fleuve, d'appuis pour des cantonnements d'hiver, enfin de refuges pour une armée battue.

Cependant, quelque bon que soit le site d'un camp retranché, on peut assurer, qu'à moins d'être, comme celui de Torrès-Védras, dans une presqu'île adossée à la mer et destinée à protéger le rembarquement d'une armée insulaire, il est bien difficile de trouver un point stratégique à l'abri d'être tourné par l'ennemi. Dès qu'un tel poste peut être dépassé à droite ou à gauche, l'armée qui l'occupe sera forcée de l'abandonner, ou courra risque d'y être investie; le camp retranché de Dresde offrit en 1813 un appui important à Napoléon pendant deux mois; dès qu'il fut débordé par les masses alliées, il n'eut pas même les avantages qu'une place ordinaire aurait procurés, car son étendue y fit sacrifier deux corps d'armée qui furent perdus en peu de jours, faute de vivres.

Malgré ces vérités, il faut avouer que les camps retranchés, n'étant guère destinés qu'à procurer un point d'appui passager à une armée défensive, ils peuvent toujours remplir leur but, lors même que l'ennemi pourrait les dépasser stratégiquement; l'essentiel est qu'ils ne puissent pas être battus de revers, c'est-à-dire que toutes les faces en soient également à l'abri d'une attaque d'emblée; il importe aussi qu'ils soient établis à proximité d'une forteresse, soit pour que les magasins s'y trouvent en sûreté, soit pour qu'elle couvre la partie ou front de ce camp la plus voisine de la ligne de retraite.

En thèse générale, un pareil camp, assis sur un fleuve, avec une vaste tête de pont de l'autre côté pour dominer les deux rives, et placé près d'une grande ville fortifiée offrant des ressources, comme Mayence ou Strasbourg, assurera à une armée des avantages incontestables; mais cela ne sera jamais qu'un refuge passager, un moyen de gagner du temps et de rassembler des renforts; lorsqu'il s'agira de chasser l'ennemi, il faudra toujours en venir aux opérations en rase campagne.

La seconde maxime qu'on peut donner sur ces camps, c'est qu'ils sont surtout favorables pour une armée qui est chez elle, ou près de sa base d'opérations. Si une armée française se jetait dans un camp retranché sur l'Elbe, elle n'en serait pas moins perdue dès que l'espace entre le Rhin et l'Elbe serait occupé par l'ennemi. Mais si elle se trouvait même momentanément investie dans un camp retranché sous Strasbourg, elle pourrait au moindre secours reprendre sa supériorité et tenir la campagne : l'armée ennemie qui l'aurait investie, placée elle-même au milieu de la France, entre le corps de secours et celui du camp retranché, aurait fort à faire à repasser le Rhin.

Jusqu'ici nous avons considéré ces camps sous le point de vue exclusivement stratégique. Cependant plusieurs généraux allemands ont prétendu que les camps retranchés étaient faits pour couvrir les places ou en empêcher le siége , ce qui me paraît tant soit peu sophistique. Sans doute une place sera moins facile à assiéger tant que l'armée restera campée sur ses glacis , et on peut dire que ces camps et les places se prêtent un mutuel appui. Mais selon moi , la véritable et principale destination des camps retranchés sera toujours d'offrir au besoin un refuge passager pour l'armée , ou un moyen offensif pour déboucher sur un point décisif et au-delà d'un grand fleuve. Enterrer son armée sous une place , l'exposer à être débordée et coupée , uniquement pour retarder un siége , me paraîtrait un acte de folie. On citera l'exemple de Wurmser qui prolongea dit-on de plusieurs mois la résistance de Mantoue : mais son armée n'y périt-elle pas ? Ce sacrifice fut-il réellement bien utile ? Je ne le pense pas , car la place ayant été délivrée et ravitaillée une fois , et le parc de siége étant tombé au pouvoir des Autrichiens , l'attaque dut se changer en blocus : or la place ne pouvant être prise que par famine , Wurmser dut plutôt hâter sa reddition que la retarder.

Le camp retranché que les Autrichiens avaient établi devant Mayence en 1795 , aurait empêché il est vrai le siége de cette ville si les Français avaient eu les moyens de le faire , du moins tant que le Rhin n'aurait pas été franchi. Mais dès qu'au mépris de ce camp Jourdan se montra sur le Lahn et Moreau dans la Forêt-Noire, force fut de le quitter et d'abandonner la place à sa propre défense. Ce ne serait donc que dans le cas où une forteresse se trouverait située sur un point tellement extraordinaire qu'il devint impossible de passer outre sans la prendre, que l'on pourrait y construire un camp retranché avec la destination spéciale d'en empêcher l'attaque. Quelle place en Europe peut se flatter d'occuper un tel site?

Loin donc de partager l'idée de ces auteurs allemands, il me paraît au contraire qu'une question assez importante pour l'établissement de ces camps retranchés en fortification passagère, sous des places à la portée d'un fleuve, serait de décider s'il vaut mieux que le camp soit assis sur la même rive que la place, ou bien si celle-ci doit se trouver sur la rive opposée. Dans le cas où il serait indispensable d'opter entre ces deux propositions, faute de pouvoir asseoir la place de manière à embrasser les deux rives en même temps, je n'hésiterais pas à me prononcer pour le dernier parti.

En effet, pour servir de refuge ou favoriser un débouché, il faut bien que le camp soit au-delà du fleuve du côté de l'ennemi : dans ce cas le principal danger que l'on pourrait craindre serait que l'ennemi prît le camp à revers en passant le fleuve quelques lieues plus loin : or si la place se trouvait du même côté que le camp, elle ne lui servirait à rien, tandis que si elle se trouvait construite sur la rive opposée en face du camp, il serait presque impossible de le prendre à revers. Ainsi l'armée russe, qui ne put tenir 24 heures le camp de Drissa (en 1812), aurait pu y braver longtemps l'ennemi, si une place eût existé sur la rive droite de la Duina pour mettre les derrières du camp à l'abri. Ainsi Moreau brava trois mois entiers tous les efforts de l'archiduc Charles à Kehl, tandis que si Strasbourg n'eût pas été là, à la rive opposée, le camp aurait pu être facilement tourné par un passage du Rhin.

A la vérité il serait désirable que le camp eût aussi sa protection sur la même rive, et sous ce rapport une place tenant les deux rives remplirait bien la double destination. Celle de Coblentz, construite récemment, semble faire époque comme nouveau système : celui que les Prussiens ont adopté pour cette place, qui participe à la fois des avantages des camps retranchés et des places permanentes, mériterait un profond examen ; mais il nous suffit de constater que, si ce vaste établissement offre quelques défauts, on peut affirmer néanmoins qu'il offrirait aussi d'immenses avantages à une armée destinée à opérer sur le Rhin.

En effet, l'inconvénient des camps retranchés passagers établis sur de grands fleuves, c'est qu'ils ne sont guère utiles que lorsqu'ils se trouvent au-delà du fleuve, comme nous l'avons dit. Or dans ce cas, ils sont exposés à tous les dangers résultant d'une rupture des ponts, qui placerait l'armée dans la même position que celle de Napoléon à Essling, et la laisserait en prise au manque total de vivres ou de munitions, de même qu'au péril d'une attaque de vive force dont des ouvrages passagers ne garantiraient pas toujours. Le système des forts détachés en fortification permanente, tel qu'il a été appliqué à Coblentz, offre l'avantage de parer à ces dangers, en mettant à l'abri les magasins de la ville situés sur la même rive que l'armée, et en garantissant celle-ci contre une attaque, du moins jusqu'au rétablissement des ponts. Si la ville était à la rive droite du Rhin, et qu'il n'existât qu'un camp retranché en ouvrages passagers à la gauche du fleuve, il n'y aurait au contraire aucune sûreté positive, ni pour les magasins ni pour l'armée.

De même si Coblentz était une bonne forteresse ordinaire, sans forts détachés, une armée considérable n'y trouverait pas un asile aussi aisément, et surtout elle aurait beaucoup moins de facilité pour en déboucher en présence de l'ennemi. Toutefois si Coblentz est un établissement formidable, on peut reprocher à la forteresse d'Ehrenbreitstein qui doit le protéger à la rive droite, d'être d'un accès si difficile, que le blocus en serait d'autant plus aisé et que le déboucher pour une armée considérable pourrait être fortement disputé.

On a beaucoup parlé, depuis quelque temps, d'un nouveau système employé par l'archiduc Maximilien pour fortifier le camp retranché de Linz au moyen de tours en maçonnerie. Comme je ne le connais que par oui-dire et par la notice du capitaine Allard insérée dans le *Spectateur militaire*, je ne pourrais en raisonner pertinemment. Je sais seulement que le système des tours que j'ai vu employer à Gênes par l'habile colonel Andreïs, m'a paru susceptible d'être utilisé et perfectionné, et que l'Archiduc semble avoir réussi. On m'a assuré que les tours construites à Linz, enterrées dans des fossés et couvertes par des glacis, avaient l'avantage de donner des feux rasants et concentrés, et d'être dérobées aux coups directs du canon ennemi. De pareilles tours, bien flanquées et liées par un parapet, peuvent faire un camp très avantageux, mais toujours soumis néanmoins à quelques inconvénients des lignes fermées. Si les tours sont isolées et couvertes avec soin dans les intervalles par des ouvrages passagers qu'on élèverait au moment de la guerre, elles vaudront sans doute mieux qu'un camp couvert seulement par des flèches ou des redoutes ordinaires, mais elles ne semblent pas offrir autant d'avantages que les grands forts détachés de Coblentz. Ces tours sont au nombre de 32 ou 36, dont 8 à la rive gauche, avec un fort carré dominant le Perlingsberg (*). Sur les 24 tours qui se trouvent à la rive droite, sept ou huit ne sont que des demi-tours. La circonférence de cette ligne est d'environ 10 mille toises ou 5 lieues de poste. Les tours sont à peu près à 250 toises l'une de l'autre, et seront liées plus tard, en cas de guerre, par un chemin couvert palissadé. Elles sont en maçonnerie, et à trois étages, plus une terrasse qui constitue la principale défense, puisqu'elle renferme 11 pièces de 24; deux obusiers sont en outre pla-

---

(*) Un plan dessiné que j'ai vu, porte deux ou trois tours de plus que celui du capitaine Allard.

cés dans l'étage supérieur. Ces tours sont prati-
quées dans l'excavation d'un fossé large et profond,
dont le déblais a fourni un glacis élevé qui met,
dit-on, la tour à l'abri des coups directs, ce que
je crois difficile néanmoins pour la plate-forme où
se trouve l'artillerie.

On a assuré que ce grand travail avait coûté
presque les trois quarts de ce qu'eût coûté une enceinte entièrement bastionnée, qui eût fait de Linz
une place de premier rang : d'autres affirment
qu'il n'a pas coûté plus du quart de la dépense
qu'exigerait une enceinte, et qu'il remplit d'ailleurs un but tout différent. Si l'on considère ces
travaux comme faits pour résister à un siége ré-
gulier, il est certain qu'ils seraient fort défec-
tueux : mais considérés comme camp retranché;
pour donner un refuge et un déboucher sur les
deux rives du Danube à une armée considérable,
il est certain aussi qu'ils remplissent assez bien
cette destination, et qu'ils seraient d'une haute
importance dans le cas d'une guerre comme celle
de 1809. S'ils eussent existé à cette époque, ils
eussent probablement sauvé la capitale.

Pour compléter un grand système, il eût peut-
être mieux valu enceindre Linz d'une ligne bastionnée régulièrement, puis établir une ligne de

7 à 8 tours entre le saillant oriental de la place et
l'embouchure de la Traun dans une étendue directe de **2** *mille toises* seulement, afin de ne réser-
ver comme camp retranché que la grande anse
formée par le Danube entre Linz et la Traun; on
aurait eu ainsi le double avantage d'une forteresse
de premier rang, et d'un camp à l'abri de ses remparts; s'il eût été un peu moins vaste, il eût suffi
néanmoins à une grande armée, surtout si on avait
conservé les 8 tours de la rive gauche et le fort de
Perlingsberg.

Je ne parlerai pas des défauts de ce camp, car
il faudrait avoir un plan exact de tout le terrain
sur les deux rives du Danube, et bien que j'aie
passé maintes fois à Linz, je ne me rappelle pas
assez exactement les environs pour en juger. Ce
qui m'étonne seulement, c'est qu'il n'y ait pas au
moins un réduit autour de Linz, pour favoriser la
retraite si le camp venait à être forcé. On dira
peut-être qu'aucune armée ne pourrait pénétrer au
milieu de ces tours, même après avoir éteint le feu
de quelques-unes : cela n'est pas sans réplique ;
car, en pareil cas, il ne serait pas aisé aux tours
voisines de tirer sur deux armées aux prises dans
un espace si étroit, sans faire autant de mal aux
leurs qu'à l'ennemi même; d'ailleurs si je suis

bien informé, les batteries ne pourraient pas être dirigées contre l'intérieur. Or, si après avoir paralysé le feu des quatre tours N° 7 à 10, de fortes masses poussaient jusqu'à Linz, Dieu sait quelle bagarre pourrait avoir lieu, si l'on avait affaire à un Souwaroff ou à un Ney, et à des soldats d'Ismaël ou de Friedland.

Je n'ai pas bien compris non plus la nécessité des neuf tours N° 21 à 29 qui sont adossées au Danube; craindrait-on un débarquement en bateaux au milieu de cent mille hommes? serait-ce pour contrebattre le canon de campagne ennemi placé à la rive gauche? Des batteries en terre construites au moment du besoin auraient bien suffi, gardées par un fossé comme le Danube!

Du reste, l'intéressante notice du capitaine Allard sur ces tours prouve, qu'elles sont bien imaginées pour obtenir le plus de feux possible, sur toute la périphérie des attaques, avec un petit nombre d'artilleurs, quoi qu'il y ait erreur de plume manifeste dans l'énumération qu'il en fait. Dans les places montagneuses comme Gênes (où on les a employées pour la première fois sur un modèle différent), de même qu'à Besançon, Grenoble, Lyon, Béfort, Briançon, Véronne, Prague, Salzbourg, et dans les forts couvrant des

gorges de montagnes, elles seraient précieuses.
Quant au tracé du camp, qui semble un peu éten
du, l'espace de 9 à 10 mille toises pour être garni
complétement sur une seule ligne avec réserve,
exigerait 150 bataillons au moins; mais il est probable que l'on serait rarement dans le cas de garder les deux rives à la fois, non plus que le côté
qui longe le Danube; or la véritable défense ne
comporterait guère que la distance de 4 mille
toises, depuis l'embouchure de la Traun jusqu'au
haut Danube, en sorte qu'avec 80 bataillons le
camp serait bien gardé. Dénué de troupes, il exigerait toujours une garnison de 5 mille hommes
pour l'occupation des tours, mais ces hommes,
éparpillés en 32 petits détachements, seraient
réduits à l'impuissance de faire des sorties.

En définitive, si Vienne possédait encore son
ancienne enceinte, et que sa garnison fût résolue
à en faire bon usage, il faudrait que l'ennemi
y regardât à deux fois pour braver deux établissements pareils à ceux-là, et marcher sans s'en inquiéter sur cette capitale par la vallée du Danube.
On ne le pourrait que par la route de la Carinthie, à moins d'avoir totalement défait l'armée
comme à Ulm, à Jéna, à Waterloo, ou d'avoir
réduit le camp de Linz.

## *Des têtes de ponts.*

De tous les ouvrages de fortification passagère,
il n'en est aucun d'aussi important que les têtes
de ponts. Les difficultés que les passages de rivières et surtout des grands fleuves offrent lorsqu'ils ont lieu en face de l'ennemi, suffisent pour
démontrer l'immense utilité des têtes de ponts;
on peut en effet bien plutôt se passer de camps
retranchés que de ces ouvrages, car en mettant
vos ponts à l'abri d'insulte, ils vous assurent
contre toutes les chances désastreuses qui pourraient résulter d'une retraite forcée sur les rives
d'un fleuve.

Lorsque ces têtes de ponts servent de réduit à
un camp retranché plus vaste, elles sont alors
doublement avantageuses; elles le seront triple-
ment si elles embrassent aussi la rive opposée à
celle où le camp serait assis, puisqu'alors ces deux
établissements se prêteront un mutuel appui et
assureront les deux rives également. Il serait inutile d'ajouter que ces ouvrages sont surtout importants en pays ennemi, et sur tous les fronts où
il n'existerait pas de place permanente qui pût en
dispenser. J'observerai encore que la principale

défense entre le système des camps retranchés et
celui des têtes de ponts, c'est que les premiers
sont préférables quand ils se composent d'ouvrages
détachés et fermés, tandis que les têtes de ponts
seront plus souvent des ouvrages contigus non
fermés. Les camps retranchés contigus ne pourraient être défendus que par une force assez considérable pour les garnir dans toute leur étendue:
mais s'ils sont composés d'ouvrages fermés, un
faible corps suffirait pour les mettre à l'abri d'insulte.

Comme du reste ces retranchements rentrent
dans la même classe que ceux des camps, et que
leur attaque ou leur défense tient plus particulièrement à la tactique, nous en parlerons au chapitre IV, article 35; il suffit d'avoir signalé ici leur
importance stratégique.

## ARTICLE XXVIII (*).

·····

*Des opérations stratégiques dans les montagnes.*

Nous n'aurions pas présenté la stratégie sous toutes ses faces, si nous ne tracions un aperçu de la part qu'elle peut avoir dans les opérations d'une guerre de montagnes Nous ne prétendons point analyser ces chicanes locales de postes réputés presque inexpugnables, qu forment la partie romantique de la tactique des combats; nous chercherons à indiquer seulement les rapports d'un pays montagneux avec les différents articles qui font le sujet de ce chapitre.

Un pays de montagnes se présente sous quatre points de vue entièrement différents dans les combinaisons d'une guerre; il peut être le théâtre complet de cette guerre, ou bien n'en former

---

(*) Cet article avait été d'abord consacré aux grands détachements, mais des motifs particuliers m'ont déterminé à le placer au chapitre V, art. 36, comme appartenant déjà un peu aux opérations actives et mixtes, etc.

qu'une zone; il est possible aussi que toute sa surface soit montagneuse, ou bien il ne formera qu'une ceinture de montagnes au sortir de laquelle une armée déboucherait dans de vastes et riches plaines.

Si l'on en excepte la Suisse, le Tyrol, les provinces Noriques (*), quelques provinces de la Turquie et de la Hongrie, la Catalogne et le Portugal, toutes les autres contrées de l'Europe ne présentent guère que ces ceintures montagneuses (**). Alors ce n'est qu'un défilé pénible à franchir, un obstacle passager qui, une fois vaincu, présente un avantage à l'armée qui est parvenue à s'en saisir, plutôt qu'il ne lui serait dangereux. En effet, l'obstacle une fois surmonté et la guerre transportée dans les plaines, on peut considérer pour ainsi dire la chaîne franchie comme une espèce de base éventuelle, sur laquelle on pourrait se replier et trouver un refuge momentané. La

---

(*) Je comprends sous cette dénomination la Carinthie, la Styrie, la Carniole et l'Illyrie.

(**) Je ne fais pas mention ici du Caucase, parce que ce pays, théâtre d'une petite guerre perpétuelle, n'a pas été sérieusement exploré, qu'on l'a toujours regardé comme une affaire secondaire dans les grands conflits de l'empire, et qu'il ne sera jamais le théâtre d'une grande opération stratégique.

seule chose essentielle à observer en pareille oc-
currence, c'est de ne jamais s'y laisser prévenir
par l'ennemi dans le cas où l'on serait forcé à la
retraite.

Les Alpes même ne font pas exception à cette
règle dans la partie qui sépare la France de l'Italie; les Pyrénées, dont la chaîne moins élevée
est toutefois aussi étendue en profondeur, sont
également dans la même catégorie; en Catalogne
seulement elles règnent sur toute la surface du
pays jusqu'à l'Ebre, et si la guerre se bornait à
cette province, tout l'échiquier étant montagneux
amènerait nécessairement d'autres combinaisons
que là où il n'existe qu'une ceinture.

La Hongrie diffère peu, sous ce rapport, de la
Lombardie et de la Castille, car si même les Crapacks présentent dans leur partie orientale et septentrionale une ceinture aussi forte que les Pyrénées, il faut avouer cependant que ce n'est qu'un
obstacle passager, et que l'armée qui le franchirait,
débouchant, soit dans les bassins du Waag, de la
Neytra ou de le Theiss, soit dans les champs de
Mongatsch, aurait à décider les grandes questions
dans les vastes plaines entre le Danube et la
Theiss. La seule chose qui diffère, ce sont les
routes qui, rares mais superbes dans les Alpes

24·

et les Pyrénées, manquent dans la Hongrie, ou y sont très peu praticables (*).

Dans sa partie septentrionale, cette chaîne, moins élevée peut être mais plus étendue en profondeur, semblerait bien appartenir en quelque sorte à la classe des échiquiers entièrement montagneux ; cependant comme elle ne forme qu'une partie de l'échiquier général, et que son évacuation pourrait être nécessitée par les opérations décisives qui seraient portées dans les vallées de la Theiss ou du Waag, on peut la ranger au nombre des barrières passagères. Du reste on ne saurait le dissimuler, l'attaque et la défense de ce pays serait une double étude stratégique des plus intéressantes.

Les chaînes de la Bohème, des Vosges, de la Forêt-Noire, quoique beaucoup moins importantes, sont aussi à placer dans la catégorie des ceintures montagneuses.

Lorsqu'un pays entièrement montagneux, comme le Tyrol et la Suisse, ne forme qu'une zone du théâtre d'opérations, alors l'importance

---

(*) Je parle de l'état du pays en 1810, j'ignore si postérieurement il a participé au grand mouvement qui a eu lieu dans toute la monarchie autrichienne pour l'amélioration des routes, et l'ouverture de grandes communications stratégiques.

de ses montagnes n'est que relative, et on pourra plus ou moins se borner à les masquer comme une forteresse, pour aller décider les grandes questions dans les vallées. Il en est autrement si ce pays forme l'échiquier principal.

Long-temps on a mis en doute si la possession des montagnes rendait maître des vallées, ou si la possession des vallées rendait maître des montagnes. L'archiduc Charles, ce juge si éclairé et si compétent, a penché pour la dernière assertion et démontré que la vallée du Danube était la clef de l'Allemagne méridionale. Cependant, il faut en convenir, tout doit dépendre dans ces sortes de questions des forces relatives et des dispositions du pays. Si 60 mille Français s'avançaient en Bavière, ayant en présence une armée autrichienne égale en forces qui jetterait 30 mille hommes en Tyrol, avec espoir de les remplacer par des renforts à son arrivée sur l'Inn, il serait assez difficile aux Français de pousser jusqu'à cette ligne, en laissant, sur leurs flancs, une parcille force maîtresse des débouchés de Scharnitz, de Fussen, de Kufstein et de Lofers. Mais si cette armée française avait jusqu'à 120 mille combattants et qu'elle eût remporté assez de succès pour s'assurer la supériorité sur l'armée qui serait devant elle, alors elle pourrait toujours former un détachement suffisant pour masquer les débouchés du **Tyrol** et pousser sa marche jusque sur **Linz**, comme **Moreau** le fit en **1800**.

Jusqu'à présent nous n'avons considéré les pays de montagnes que comme des zones accessoires. Si nous les considérons comme l'échiquier principal de toute la guerre, les questions changent un peu de face, et les combinaisons stratégiques semblent se compliquer. La campagne de **1799** et celle de **1800** sont également riches en leçons intéressantes sur cette branche de l'art. Dans la relation que j'en ai publiée, je me suis appliqué à les faire saisir par l'exposition historique même des événements; je ne saurais mieux faire que d'y renvoyer mes lecteurs.

Si l'on se rappelle la dissertation que j'y ai faite sur les résultats de l'imprudente invasion de la **Suisse** par le directoire français, et sur l'influence funeste qu'elle exerça en doublant l'étendue du théâtre des opérations et en faisant un seul échiquier depuis le **Texel** jusqu'à **Naples**, on ne peut trop applaudir au génie qui inspira les cabinets de **Vienne** et de **Paris** dans les transactions qui, durant trois siècles, avaient garanti la neutralité de la **Suisse**. Chacun se convaincra de cette vérité, en lisant avec quelque attention les campagnes intéressantes de l'Archiduc, de Souvaroff et de Masséna en 1799, ainsi que celles de Napoléon et de Moreau en 1800. La première est un modèle pour les opérations sur un échiquier entièrement montagneux ; la seconde en est un pour les guerres où le sort des contrées montagneuses doit se décider en plaine.

Je vais essayer de résumer ici quelques-unes des vérités qui m'ont paru naître de cet examen.

Lorsqu'un pays coupé de montagnes sur toute sa surface devient l'échiquier principal des opérations de deux armées, les combinaisons de la stratégie ne peuvent être entièrement calquées sur les maximes applicables aux pays ouverts.

En effet, les manœuvres transversales pour gagner les extrémités du front d'opérations de l'ennemi y deviennent d'une exécution plus difficile, et souvent même impossible : dans un tel pays on ne peut opérer avec une une armée considérable que dans un petit nombre de vallées, où l'ennemi aura eu soin de faire placer des avant-gardes suffisantes, afin de suspendre la marche aussi long-temps que cela serait nécessaire pour aviser aux moyens de déjouer l'entreprise ; et comme dans les contreforts qui séparent ces vallées il

n'existe ordinairement que des sentiers insuffi-
sants pour des mouvements d'armées, aucune
marche transversale ne saurait y avoir lieu que
pour des divisions légères.

Les points stratégiques importants, marqués
par la nature au confluent des vallées principales,
ou si l'on veut au confluent des rivières qu'elles
encaissent, sont si clairement tracés, qu'il faudrait être aveugle pour les méconnaître; or,
comme ils sont peu nombreux, l'armée défensive
les occupant avec le gros de ses troupes, l'agresseur sera le plus souvent réduit, pour l'en déloger,
à recourir aux attaques directes ou de vive force.

Toutefois, si les grands mouvements stratégiques y sont plus rares et plus difficiles, cela ne
veut pas dire qu'ils y soient moins importants;
au contraire, car si l'assaillant parvient à se saisir
d'un de ces nœuds de communication des grandes
vallées, sur la ligne de retraite de l'ennemi, la
perte de celui-ci est encore plus certaine que
dans les pays de plaines, attendu qu'en occupant
sur cette ligne un ou deux défilés d'un accès difficile, cela suffirait souvent pour causer la ruine
d'une armée entière.

De plus, si l'attaquant a des difficultés à vaincre,
il faut avouer aussi que l'armée défensive n'en a

pas moins, par la nécessité où elle croit être de couvrir toutes les issues par lesquelles on pourrait arriver en masse sur ces points décisifs, et par les obstacles que la difficulté des marches transversales lui opposerait lorsqu'il s'agirait de voler sur les points menacés. Pour compléter ce que j'ai dit plus haut sur ces sortes de marches et sur la difficulté de les diriger dans les montagnes aussi aisément que dans la plaine, on me permettra de rappeler celle que fit Napoléon en 1805 pour couper Mack d'Ulm : si elle fut facilitée par les cent chemins qui sillonnent la Souabe dans tous les sens ; si elle eût été inexécutable dans un pays de montagnes, faute de routes transversales pour faire le long tour de Donawerth par Augsbourg sur Memmingen ; il faut convenir aussi que, grâces à ces cent chemins, Mack aurait pu également faire sa retraite plus facilement, que s'il eût été tourné dans une de ces vallées de la Suisse et du Tyrol d'où l'on ne peut sortir que par une seule route.

D'un autre côté, le général qui est réduit à la défensive peut, dans un pays de plaines, conserver une très grande partie de ses forces réunies, car si l'ennemi se divise pour occuper tous les chemins que ce général serait à même de prendre dans sa retraite, il lui sera facile de passer sur le

corps à cette multitude de divisions isolées; mais
dans un pays très montagneux, où une armée n'a
ordinairement qu'une ou deux issues principales,
auxquelles plusieurs autres vallées viennent abou-
tir dans la direction même de la contrée occupée
par l'ennemi, la concentration des forces est plus
difficile, vu que, si l'on néglige une seule de ces
importantes vallées, il pourrait en résulter de
graves inconvénients.

Rien, en effet, ne saurait mieux démontrer la
difficulté de la défense stratégique des montagnes,
que l'embarras où l'on se trouve en voulant donner, non pas des règles, mais même des conseils
à un général chargé de pareille tâche. S'il ne s'a-
gissait que de la défense d'un seul front d'opérations déterminé, d'une étendue peu considérable,
et formé de quatre à cinq vallées ou rayons convergents vers le nœud central de ces vallées à
deux ou trois petites marches des sommités de la
chaîne, sans doute cette défense serait plus facile.
Il suffirait alors de recommander la construction
d'un bon fort sur chacun de ces rayons, au point
du défilé le plus rétréci et le plus difficile à tourner; ensuite on placerait, sous la protection de
ces forts, quelques brigades d'infanterie pour disputer le passage, tandis qu'une réserve de la moi-

tié de l'armée, postée à ce nœud central de la réunion des vallées, serait en mesure, ou de soutenir ces avant-gardes les plus sérieusement menacées, ou de tomber en masse sur l'assaillant lorsqu'il voudrait déboucher et qu'on aurait réuni toutes les colonnes pour le recevoir. En ajoutant, à ces dispositions, de bonnes instructions aux généraux de ces avant-gardes, soit pour leur assigner le meilleur rassemblement dès que le fatal cordon viendrait à être percé, soit pour leur prescrire de continuer à agir dans les montagnes sur les flancs de l'ennemi, alors on pourrait se croire invincible, grâces aux mille difficultés que les localités présentent à l'assaillant. Mais quand, à côté d'un tel front d'opérations, il s'en trouve encore un autre à peu près pareil sur la droite, puis un troisième sur la gauche; quand il s'agit de défendre à la fois tous ces fronts, sous peine de voir tomber à la première approche de l'ennemi, celui qu'on aurait négligé; alors la thèse change, l'embarras du défenseur redouble à mesure que l'étendue de la ligne de défense augmente, et le système des cordons apparaît avec tous ses dangers, sans qu'il soit aisé d'en adopter un autre.

On ne saurait mieux se convaincre de ces vérités qu'en se retraçant la position de Masséna en

Suisse en 1799. Après la perte de la bataille de Stockach par Jourdan, il tenait depuis Bâle par Schaffhouse et Rheineck jusqu'au Saint-Gothard, et de là par la Furca jusqu'au Montblanc. Il avait des ennemis en face de Bâle, il en avait à Waldshut, à Schaffhouse, à Feldkirch, à Coire; le corps de Bellegarde menaçait le Saint-Gothard, et l'armée d'Italie en voulait au Simplon et au Saint-Bernard. Comment défendre la périphérie d'un pareil cercle; comment laisser une des grandes vallées à découvert, au risque de tout perdre? De Rhinfeld au Jura, vers Soleure, il n'y a que deux faibles marches, et là était la gorge de la souricière dans laquelle l'armée française se trouvait engagée. C'était donc là le pivot de la défense; mais comment laisser Schaffhouse à découvert, comment abandonner Rheineck et le Saint-Gothard, comment ouvrir le Valais et l'accès de Berne, sans livrer l'Helvétie entière à la coalition? Et si l'on voulait tout couvrir, même par de simples brigades, où serait l'armée quand il s'agirait de livrer une bataille décisive à une masse ennemie qui se présenterait? Concentrer ses forces dans les plaines est un système naturel, mais dans des pays de gorges difficiles, c'est livrer les clefs du pays à l'ennemi, et alors on ne sait plus sur quel point il serait possible de réunir une armée inférieure sans la compromettre.

Dans la situation où se trouvait Masséna après l'évacuation forcée de la ligne du Rhin et de Zurich, il semblait que le seul point stratégique à défendre pour lui fût la ligne du Jura ; il eut la témérité de tenir ferme dans celle de l'Albis , plus courte que celle du Rhin, mais qui le laissait encore en prise, sur une ligne immense , aux coups que les Autrichiens voudraient bien lui porter. Et si au lieu de pousser Bellegarde sur la Lombardie par la Valteline, le conseil aulique l'eût fait marcher sur Berne ou réunir à l'Archiduc, c'en était fait de Masséna. Ces événements semblent donc prouver que, si les pays de hautes montagnes sont favorables à la défense tactique , il n'en est pas de même pour la défense stratégique qui, obligée de se disséminer, doit chercher un remède à cet inconvénient en augmentant sa mobilité , et en passant souvent à l'offensive.

Le général Clausewitz, dont la logique est fréquemment en défaut, prétend au contraire que, le mouvement étant la partie difficile de la guerre de montagnes , le défenseur doit éviter le moindre mouvement, sous peine de perdre l'avantage des défenses locales. Cependant il finit par démontrer

lui-même que la défense passive doit tôt ou tard
succomber sous une attaque active, ce qui tend à
prouver que l'initiative n'est pas moins favorable
dans les montagnes que dans les plaines. Si l'on
pouvait en douter, la campagne de Masséna le
prouverait de reste; car s'il se maintint en Suisse,
ce fut en attaquant l'ennemi chaque fois qu'il en
trouvait l'occasion, bien qu'il fallût aller le chercher jusque sur le Grimsel et le Saint-Gothard.
Napoléon en avait fait autant dans le Tyrol en 1796,
contre Wurmser et Alvinzi.

Quant aux manœuvres stratégiques de détail,
on pourra s'en faire une idée en lisant les événements inconcevables qui ont accompagné l'expédition de Souwaroff par le Saint-Gothard sur le
Muttenthal. En applaudissant aux manœuvres
prescrites par le maréchal russe pour enlever
Lecourbe dans la vallée de la Reuss, on admirera
la présence d'esprit, l'activité, la fermeté inébranlable qui sauvèrent ce général et sa division;
ensuite on verra Souwaroff dans le Schachental
et le Muttenthal, placé dans la même situation
que Lecourbe, et s'en tirer avec la même habileté.
Non moins extraordinaire apparaîtra la belle campagne de dix jours du général Molitor, qui, entouré avec quatre mille hommes dans le canton de

Glaris par plus de trente mille alliés, parvint à se maintenir derrière la Linth après quatre combats admirables. C'est dans l'étude de ces faits que l'on peut reconnaître *toute la vanité des théories de détail*, et s'assurer qu'une volonté forte et héroïque peut, dans la guerre de montagnes principalement, plus que tous les préceptes du monde. Après de telles leçons, oserais-je dire qu'une des principales règles de cette guerre est de ne pas se risquer dans les vallées sans s'assurer des hauteurs! maxime un peu niaise, que tout capitaine de voltigeurs doit ne pas ignorer. Pourrais-je dire aussi, que dans cette guerre plus que partout ailleurs, il faut chercher à la faire aux communications de l'ennemi; enfin que, dans ces contrées difficiles, de bonnes bases temporaires ou lignes de défense, établies au centre des grands confluents et couvertes par des réserves stratégiques, seront, avec une grande mobilité et de fréquents retours offensifs, les meilleurs moyens pour défendre le pays.

Je ne saurais néanmoins terminer cet article sans faire observer que les pays de montagnes sont surtout favorables à la défensive quand la guerre est vraiment nationale, et quand les populations soulevées défendent leurs foyers avec l'opiniât-

que donne l'enthousiasme pour une sainte cause ; alors chaque pas de l'assaillant est acheté au prix des plus grands sacrifices. Mais pour que la lutte soit couronnée de succès, il faut toujours que ces populations soient soutenues par une armée disciplinée plus ou moins nombreuse, sans l'appui de laquelle de braves habitants succomberaient bientôt comme les héros de Stanz et du Tyrol.

---

L'offensive contre un pays de montagnes présente aussi une double hypothèse : sera-t-elle dirigée contre une ceinture de montagnes aboutissant à un vaste échiquier de plaines, ou le sera-t-elle contre un théâtre particulier entièrement montagneux ?

Dans le premier cas il n'y a guère qu'un précepte à donner : c'est de faire des démonstrations sur toute la périphérie de la frontière pour obliger l'ennemi à étendre sa défensive, et forcer ensuite le passage sur le point décisif qui promettra les plus grands résultats. C'est un cordon, faible numériquement mais fort par les localités, qu'il s'agit de rompre, et s'il est forcé sur un seul point, il l'est sur toute la ligne. En lisant l'histoire du fort de Bard en 1800, ou la prise de Leutasch et

Scharnitz en 1805 par Ney, qui se jeta avec 14 mille hommes sur Inspruck au milieu de 30 mille Autrichiens, et parvint, en s'emparant de ce point central, à les obliger à la retraite dans toutes les directions, on peut juger qu'avec une brave infanterie et des chefs hardis, ces fameuses ceintures de montagnes seront ordinairement forcées.

L'histoire du passage des Alpes, où François I<sup>er</sup> tourna l'armée qui l'attendait à Suze, en passant par les montagnes escarpées entre le Mont-Cenis et la vallée de Queyras, est un exemple *de ces obstacles insurmontables qu'on surmonte toujours* Pour s'y opposer il aurait fallu recourir au système de cordon, et nous avons déjà dit ce qu'on pouvait s'en promettre. La position des Suisses et des Italiens à Suze, engagés dans une seule vallée, n'était pas plus sage qu'un cordon, et l'était même moins puisqu'elle enfermait l'armée dans un coupe-gorge sans garder les vallées latérales. Pousser des corps légers dans ces vallées pour disputer les gouffres qui s'y trouvent, et placer le gros de l'armée vers Turin ou Carignan, voilà ce que la stratégie conseillait.

Quand on considère les difficultés tactiques d'une guerre de montagnes, et les avantages immenses qu'elle semble assurer à la défense, on

serait tenté de considérer comme une manœuvre
de la plus haute témérité, de rassembler une armée
considérable en une seule masse pour pénétrer
par une seule vallée, et on serait tout enclin à la
diviser aussi en autant de colonnes qu'il y aurait
de passages praticables. C'est selon moi une des il-
lusions les plus dangereuses qu'il soit possible de
se faire; il n'y a qu'à voir le sort des colonnes de
Championnet à la bataille de Fossano, pour s'en
assurer. S'il existe cinq ou six chemins praticables sur le front menacé d'invasion, les inquiéter
tous est une chose nécessaire, mais il faut franchir la chaîne au plus en deux masses, encore
faut-il que les vallées qu'elles doivent parcourir
ne soient pas en direction divergente, car elles
échoueront si l'ennemi est tant soit peu en mesure
de les recevoir au déboucher. Le système suivi
par Napoléon au passage du Saint-Bernard semble
le plus sage; il forma la plus forte masse au centre
avec deux divisions de droite et de gauche par le
Mont-Cenis et le Simplon, pour diviser l'attention de l'ennemi et flanquer la marche.

L'invasion des pays qui n'ont pas seulement une
ceinture montagneuse, mais dont l'intérieur est
encore une série continuelle de montagnes, est
plus longue et plus difficile que celle où l'on peut

espérer un dénouement prochain par une bataille décisive livrée dans la plaine ; car les champs de bataille pour y déployer de grandes masses ne s'y trouvant presque jamais, la guerre y est une affaire de combats partiels. Là il serait imprudent peut-être de pénétrer sur un seul point par une vallée étroite et profonde, dont l'ennemi pourrait fermer les issues et placer l'armée dans une fausse position ; mais on peut pénétrer par ailes, sur deux ou trois lignes latérales dont les issues ne seraient pas éloignées à de trop grandes distances, en combinant les marches de manière à déboucher à la jonction des vallées à peu près au même instant, et en ayant soin d'expulser l'ennemi de tous les contreforts qui les sépareraient entre elles. De tous ces pays entièrement montagneux, la Suisse est incontestablement celui dont la défense tactique serait la plus aisée, si ses milices étaient animées d'un seul et même esprit : grâce à l'appui de telles milices, une armée disciplinée et régulière pourrait tenir tête à des forces triples.

Donner des préceptes fixes pour des complications qui se multiplient à l'infini par celles des localités, des ressources de l'art, de l'état des populations et des armées, serait une absurdité ;

l'histoire..... mais l'histoire bien raisonnée et bien présentée, voilà la véritable école de la guerre de montagnes. La relation de la campagne de 1799 par l'archiduc Charles, celle des mêmes campagnes que j'ai donnée dans mon Histoire critique des guerres de la révolution ; la relation de la campagne des Grisons par Ségur et Mathieu Dumas ; celle de Catalogne par St.-Cyr et Suchet ; la campagne du duc de Rohan en Valteline ; le passage des Alpes par Gaillard (Hist. de François Iᵉʳ), sont de bons guides pour cette étude.

# ARTICLE XXIX.

........

*Quelques mots sur les grandes invasions et les ex-
pédilions lointaines.*

Ayant déjà fait mention des guerres lointaines
et des invasions, sous le rapport de la politique
des états, il nous reste à les examiner succinctement sous le rapport militaire. Nous éprouvons
quelque embarras à leur assigner leur véritable
place dans ce Précis, car, si d'un côté elles semblent appartenir à l'épopée et aux fictions homé-
riques bien plus qu'aux combinaisons stratégiques, on peut dire de l'autre, qu'à part les grandes
distances qui en multiplient les difficultés et les
chances funestes, ces expéditions aventureuses
offrent néanmoins toutes les opérations que l'on
retrouve dans les autres guerres; en effet elles ont
leurs batailles, leurs combats, leurs siéges et
même leurs lignes d'opérations; en sorte qu'elles
rentrent plus ou moins dans les différentes branches de l'art qui font le sujet de cet ouvrage.
Toutefois comme il ne s'agit ici que de les considérer dans leur ensemble, et qu'elles diffèrent

surtout des autres guerres sous le point de vue
des lignes d'opérations, nous les placerons à la
suite du chapitre qui les renferme.

Il y a plusieurs espèces d'expéditions lointaines :
les premières sont celles exécutées à travers le
continent comme auxiliaires seulement, et dont
nous avons parlé à l'article 5, sur les guerres
d'intervention. Les secondes sont les grandes invasions continentales qui ont lieu au travers de vastes
contrées plus ou moins amies, neutres, douteuses ou hostiles. Les troisièmes sont les expéditions de même nature, mais exécutées en partie
par terre, en partie par mer avec le concours de
nombreuses flottes. Les quatrièmes sont les expéditions d'outre-mer, pour fonder, défendre,
ou attaquer des colonies lointaines. Les cin-
quièmes enfin sont les grandes descentes moins
éloignées, mais s'attaquant à de grands états.

Nous avons déjà signalé, à l'art. 5, quelques-
uns des inconvénients auxquels sont exposés les
corps auxiliaires envoyés au loin pour secourir
des puissances auxquelles on est lié par des traités
défensifs ou des coalitions. Sans doute, sous le
point de vue stratégique, une armée russe, en-
voyée sur le Rhin ou en Italie pour agir de concert avec les puissances Germaniques, sera dans

une situation bien plus favorable et plus forte, que si elle avait pénétré jusques là en traversant des contrées ennemies ou même neutres; sa base, ses lignes d'opérations, ses points d'appui éventuels, seront les mêmes que ceux de ses alliés; elle trouvera un refuge sur leurs lignes de défense, des vivres dans leurs magasins, des munitions dans leurs arsenaux, tandis que dans le cas contraire elle ne trouverait ses ressources que sur la Vistule ou le Niemen, et pourrait bien essuyer le sort de toutes les invasions gigantesques qui ont mal réussi.

Toutefois, malgré la différence capitale qui existe entre une telle guerre d'auxiliaire et une incursion lointaine entreprise dans son propre intérêt, et avec ses propres moyens, on ne saurait se dissimuler non plus tous les dangers auxquels ces corps auxiliaires sont exposés, et l'embarras qu'éprouve surtout le généralissime, quand il appartient à la puissance qui joue le rôle d'auxiliaire. La campagne de 1805 en fournit une forte preuve : le général Koutousoff s'avance jusque sur l'Inn aux confins de la Bavière, avec 30 mille Russes; l'armée de Mack, à laquelle il devait se réunir, est entièrement détruite, à l'exception de 18 mille hommes que Kienmayer ramène de

Donawerth; le général russe se trouve ainsi exposé, avec moins de 50 mille combattants, à toute l'impétueuse activité de Napoléon, qui en a 150 mille ; et pour comble de malheur un espace de 300 lieues sépare Koutousoff de ses frontières. Une telle position eût été désespérée si une seconde armée de 50 mille hommes ne fût arrivée à Olmutz pour le recueillir. Cependant la bataille d'Austerlitz, résultat d'une faute du chef d'état-major Weyrother, compromit de nouveau l'armée russe loin de sa base ; elle faillit devenir ainsi victime d'une alliance lointaine, et la paix seule lui donna le temps de regagner sa frontière.

Le sort de Souwaroff après la victoire de Novi, et surtout à l'expédition de Suisse, celui du corps de Hermann à Bergen en Hollande, sont des leçons que tout chef appelé à un commandement pareil doit bien méditer. Le général Benningsen eut moins de désavantage en 1807, parce que, combattant entre la Vistule et le Niemen, il s'appuyait sur sa propre base, et que les opérations ne dépendaient en rien de ses alliés. On se rappelle aussi le sort qu'essuyèrent les Français en Bohême et en Bavière en 1742, lorsque Frédéric-le-Grand les abandonna à leur sort pour faire une paix séparée. A la vérité ces derniers guerroyaient comme alliés et non comme auxiliaires, mais, dans ce dernier cas, les liens politiques ne sont jamais assez étroitement serrés pour ne pas offrir des points de dissention qui peuvent compromettre les opérations militaires; nous en avons déjà cité des exemples à l'art. 19, sur les points objectifs politiques.

———

Quant aux invasions lointaines, à travers de vastes continents, c'est à l'histoire seule que l'on peut demander des leçons.

Lorsque l'Europe était à moitié couverte de forêts, de pâturages et de troupeaux; lorsqu'il ne fallait que des chevaux et du fer pour transplanter des nations entières d'une extrémité de l'Europe à l'autre, on vit les Goths, Visigoths, Huns, Vandales, Alains, Varègues, Francs, Normands, Arabes et Tartares, gagner des empires à la course. Mais depuis l'invention de la poudre et de l'artillerie, depuis l'organisation des formidables armées permanentes, depuis surtout que la civilisation et la politique ont rapproché davantage les états, en les éclairant sur la nécessité de se soutenir réciproquement, ces évènements ne sauraient plus se représenter.

Indépendamment des grandes migrations de

peuples, le moyen-âge fut encore signalé par des expéditions un peu plus militaires. Celles de Charlemagne, presque contemporaines des invasions d'Oleg et Igor jusqu'aux portes de Constantinople, et des courses des Arabes jusqu'aux rives de la Loire, donnent à cette époque des 9° et 10° siècles une physionomie particulière : comme ces évènements sont aussi loin de nous par leur date que par les éléments qui constituaient les armées et les nations ; comme il y a d'ailleurs plus de leçons morales que de préceptes stratégiques à en déduire, nous nous contenterons d'en tracer une courte esquisse à la fin de cet ouvrage, si nous en avons le loisir.

Depuis l'invention de la poudre, il n'y eut guère que les courses de Charles VIII à Naples, et de Charles XII en Ukraine, qui aient compté au nombre des invasions lointaines, car les campagnes des Espagnols en Flandre et des Suédois en Allemagne, étaient d'une nature particulière : les premières appartenant aux guerres civiles, et les dernières n'ayant apparu sur la scène que comme auxiliaires des protestants. D'ailleurs toutes ces expéditions s'exécutèrent avec des forces peu considérables.

Dans les temps modernes il n'y eut donc que

Napoléon qui osa transporter les armées régulières
de la moitié de l'Europe, des bords du Rhin aux
rives du Volga ; l'envie de l'imiter ne prendra pas
de sitôt. Il faudrait un nouvel Alexandre et de nouveaux Macédoniens, contre les bandes de Darius,
pour réussir dans de telles entreprises : à la vérité
la tendre affection des sociétés modernes pour les
jouissances du luxe pourrait bien nous ramener
des armées comme celles de Darius ; mais alors
où trouvera-t-on Alexandre et ses phalanges?..

. . . . . . . . . . . . . . . . . . . . . . . . . . . . . .

Quelques utopiens ont imaginé que Napoléon
eût atteint son but si, comme un nouveau Mahomet, il se fût mis à la tête d'une armée de dogmes
politiques, et si, à la place du paradis des Musul-
mans, il eût promis aux masses ces douces libertés, si belles dans les discours et les livres, si
difficiles et si voisines de la licence, lorsqu'il s'agit
de les appliquer. Bien qu'il soit permis de croire
que l'appui des dogmes politiques devienne parfois un excellent auxiliaire, ainsi qu'on l'a vu à
l'article des guerres d'opinions, il ne faut pas oublier que le Coran même ne gagnerait plus une
province aujourd'hui, car pour cela il faut des
canons, des bombes, des boulets, de la poudre, des
fusils ; qu'avec pareil attirail les distances comptent

pour beaucoup dans les combinaisons, et que les promenades nomades ne seraient plus de saison.

Une invasion à 200 lieues de sa base, devient aujourd'hui une rude entreprise : celles de Napoléon en Allemagne réussirent sans le secours des doctrines, parce que dirigées contre des puissances limitrophes, et basées sur la formidable barrière du Rhin, elles trouvèrent en première ligne des états secondaires qui, peu unis entre eux, se rangeaient sous ses bannières ; en sorte que sa base se trouva tout-à-coup transportée du Rhin jusque sur l'Inn. Dans celle de Prusse, il prit l'Allemagne au défaut de la cuirasse après les évènemens d'Ulm, d'Austerlitz et la paix de Schonbrun, qui laissèrent Berlin exposé à tout le poids de sa puissance. Pour ce qui touche la première guerre de Pologne, déjà comptée au nombre des excursions lointaines, nous avons dit ailleurs qu'il fut redevable de son succès aux hésitations de ses adversaires, plus encore qu'à ses propres combinaisons, bien qu'elles fussent aussi habiles qu'audacieuses.

Les invasions de l'Espagne et de la Russie furent moins heureuses ; mais ce ne fut pas le manque de belles promesses politiques qui fit échouer ces entreprises : le discours remarquable de Napo-

léon à la députation de Madrid en 1808, et ses proclamations au peuple russe en font également foi.

Quant à l'Allemagne, tout plein de confiance
dans le nouvel ordre politique qu'il y avait fondé,
il se garda bien d'en ébranler l'ordre social pour
plaire aux masses populaires, dont il perdit du
reste l'affection par les ravages inséparables des
grandes guerres, et par les sacrifices du système
continental, bien plus encore que par son antipa-
thie pour les doctrines radicales.

Pour ce qui concerne la France, il apprit à ses
dépens, en 1815, qu'il est dangereux de compter
sur les théories politiques comme sur un élément
certain de succès ; car si elles sont propres à sou-
lever des orages, elles ne sauraient en diriger
l'effet : ses homélies libérales, insuffisantes pour
déchaîner les masses populaires, n'eurent d'autre résultat que de fournir aux idéologues et aux
déclamateurs des armes pour le terrasser, car
Lanjuinais, Lafayette et leurs journaux, n'eurent
pas moins de part à sa chûte que les bayonnettes
de ses ennemis.

On lui reprochera peut-être de n'avoir pas assez
fait pour assouvir les prétentions populaires : mais
il avait trop d'expérience des hommes et des affaires pour ignorer, que le déchaînement des passions

politiques mène toujours au désordre et à l'anarchie, et que les doctrines qui produisent la licence
amènent tôt ou tard ce déchaînement. Il crut avoir
assez fait en assurant et fixant les intérêts de la
démocratie, sans livrer le vaisseau de l'état, tout
désemparé, au gré des flots soulevés. Partant de
ce point de vue, au lieu de lui reprocher de n'avoir
pas assez fait, on pourrait dire avec plus de raison qu'il ne sut pas, comme le cardinal de Richelieu, se servir dans les pays voisins des armes
dangereuses dont il redoutait l'usage pour son
propre pays. Mais c'est trop nous écarter de notre
sujet, revenons aux combinaisons militaires des
invasions.

Au demeurant, à part les chances qui résultent
des grandes distances, toutes les invasions, lorsque l'armée est une fois arrivée sur le théâtre où
elle doit agir, n'offrent plus que des opérations
comme les autres. La grande difficulté consistant
donc dans les distances, on peut recommander les
maximes sur les lignes d'opérations étendues en
profondeur, et celles sur les réserves stratégiques
ou les bases éventuelles, comme les seules utiles,
et c'est surtout dans ces occasions que leur application devient indispensable, bien qu'elles soient
loin de parer à tous les dangers.

La campagne de 1812, si fatale à Napoléon, fut néanmoins un modèle à citer en ce genre : le soin qu'il eut de laisser le prince de Schwartzenberg et Reynier sur le Bug, tandis que Macdonald, Oudinot et Wrede gardaient la Duina, que Bellune venait couvrir Smolensk, et qu'Augereau venait le relever entre l'Oder et la Vistule, prouve qu'il n'avait négligé aucune des précautions humainement possibles, pour se baser convenablement : mais cela prouve aussi que les plus grandes entreprises périssent par la grandeur même des préparatifs que l'on fait pour en assurer la réussite.

Si Napoléon commit des fautes dans cette lutte gigantesque, ce fut celles d'avoir trop négligé les précautions politiques ; de n'avoir pas réuni sous un seul chef les divers corps laissés sur la Duina et le Dnieper ; d'être resté dix jours de trop à Wilna ; d'avoir donné le commandement de sa droite à un frère incapable de porter un tel fardeau ; enfin d'avoir confié, au prince de Schwartzenberg, une mission que celui-ci ne pouvait pas remplir avec le même dévouement qu'un général français. Je ne parle pas de la faute d'être resté à Moscou après l'incendie, car alors le mal était peut-être sans remède, bien qu'il eût été moins grand si la retraite se fût effectuée de suite. On l'a

accusé aussi d'avoir trop méprisé les distances,
les difficultés et les hommes, en poussant une
pointe aussi folle jusqu'aux remparts du Kremlin.
Pour le condamner ou l'absoudre, il faudrait bien
connaître les vrais motifs qui le déterminèrent ou
le contraignirent à dépasser Smolensk, au lieu de
s'y arrêter et d'y passer l'hiver, comme il en avait
hautement annoncé le projet; enfin il faudrait
pouvoir s'assurer s'il était dans les choses possibles
de rester en position entre cette ville et Witebsk,
sans avoir au préalable défait l'armée russe.

Loin de vouloir m'ériger en juge d'un si grand
procès, je reconnais que tous ceux qui s'en arro-
gent le droit ne sont pas toujours à la hauteur
d'une pareille mission, et manquent même des
renseignements nécessaires pour la remplir. Ce
qu'il y a de plus vrai dans toute l'affaire, c'est
que Napoléon oublia trop les ressentiments dont
l'Autriche, la Prusse, la Suède, étaient animées
contre lui; il compta trop sur un dénouement
entre Wilna et la Duina. Juste appréciateur de
la bravoure des armées russes, il ne le fut pas de
même de l'esprit national, et de l'énergie du
peuple. Enfin, par-dessus tout, au lieu de s'assurer le concours intéressé et sincère d'une grande
puissance militaire, dont les états limitrophes

eussent procuré une base sûre pour s'attaquer au colosse qu'il voulait ébranler ; il fonda toute son entreprise sur le concours d'un peuple brave et enthousiaste, mais léger et dénué de tous les éléments qui constituent une puissance solide; puis, loin de tirer de cet enthousiasme éphémère tout le parti dont il était susceptible, il le paralysa encore par d'intempestives réticences.

Le sort de toutes les entreprises de cette nature, atteste en effet que le point capital pour assurer leur réussite, et même la seule maxime efficace que l'on puisse donner, c'est, comme nous l'avons dit au chapitre I", art. 6, « de ne jamais les ten- « ter sans le concours assuré, et par conséquent « intéressé, d'une puissance respectable, assez « voisine du théâtre des opérations pour offrir « sur la frontière une base convenable, tant pour « y rassembler d'avance les approvisionnements « de toute espèce, que pour procurer un refuge « en cas de revers, et de nouveaux moyens pour « reprendre l'offensive au besoin. »

Quand aux règles de conduite que l'on vou- drait chercher dans les préceptes de la stratégie, il serait d'autant plus téméraire d'y compter que, sans la précaution politique susmentionnée, l'en- treprise en elle-même ne serait qu'une violation flagrante de toutes les lois stratégiques. Du reste les diverses précautions indiquées aux articles 21 et 22 pour la sûreté des lignes d'opérations profondes, et pour la formation des bases intermédiaires sont, nous le réitérons, les seuls moyens militaires propres à atténuer les dangers de l'entreprise; nous y ajouterons une juste appréciation des distances, des difficultés, des saisons, des contrées, en un mot assez de justesse dans les calculs et de modération dans la victoire, pour savoir s'arrêter à temps.

D'ailleurs, loin de nous la pensée qu'il soit possible de tracer des préceptes capables d'assurer la réussite des grandes invasions lointaines : dans l'espace de quatre mille ans elles ont fait la gloire de cinq ou six conquérants, et ont été cent fois le fléau des nations et des armées.

Après avoir épuisé à peu près tout ce qu'il y a d'essentiel à dire sur ces invasions continentales, il nous restera peu de remarques à faire sur les expéditions moitié continentales, moitié maritimes, formant la troisième série de celles que nous avons indiquées.

Ces sortes d'entreprises sont devenues fort rares depuis l'invention de l'artillerie, et les croisades furent, je crois, le dernier exemple que l'on en ait vu : peut-être faut-il en attribuer la cause à ce que l'empire des mers, après avoir été successivement entre les mains de deux ou trois puissances secondaires, est passé dans celles d'une puissance insulaire, qui possède bien les escadres, mais non les armées de terre nécessaires pour ces sortes d'expéditions.

Quoi qu'il en soit, de ces deux causes réunies il résulte évidemment, que nous ne sommes plus au temps où Xercès marchait par terre à la conquête de la Grèce en se faisant suivre par quatre mille bâtiments de toute dimension, et où Alexandre-le-Grand courait de la Macédoine par l'Asie mineure jusqu'à Tyr, tandis que sa flotte cotoyait le rivage.

Toutefois, si ces incursions ne se font plus, il n'en est pas moins certain que l'appui d'une escadre de guerre et d'une flotte de transport, serait toujours d'un immense secours, lorsqu'une grande expédition continentale pourrait s'effectuer de concert avec un si puissant auxiliaire (*).

---

(*) On dira peut-être qu'après avoir blâmé ceux qui veulent baser une armée sur la mer , je semble recommander cette opération : il s'agit de moyens d'approvisionner successivement les bases intermédiaires qu'une armée prendrait , et nullement de porter ses opérations militaires sur les côtes.

Cependant il ne faudrait pas y compter trop
exclusivement, les vents sont capricieux; or il
suffirait quelquefois d'une bourasque pour disperser, et même anéantir cette flotte sur la
quelle on aurait fondé toutes ses espérances. Des
transports successifs seraient moins hasardeux
sans être cependant une ressource toujours certaine.

Je ne crois pas devoir faire mention ici des invasions exécutées contre une puissance limitrophe, telles que celles de Napoléon contre l'Autriche et l'Espagne, ce sont des guerres ordinaires
poussées plus ou moins loin, mais qui n'ont rien
de particulier, et dont les combinaisons se trouvent suffisamment indiquées dans les différents
articles de cet ouvrage.

L'esprit plus ou moins hostile des populations,
le plus ou moins de profondeur de la ligne d'opérations, et le grand éloignement du point objectif
principal, sont les seules variantes qui peuvent
exiger des modifications à un système d'opérations
ordinaire.

En effet, pour être moins dangereuse qu'une
invasion lointaine, celle qui s'attaque à une puissance limitrophe n'en a pas moins aussi ses chances funestes. Une armée française qui irait atta-

quer Cadix pourrait, quoique bien basée sur les
Pyrénées , avec des bases intermédiaires sur
l'Ebre et le Tage , trouver un tombeau sur le Gua-
dalquivir. De même celle qui en 1809 assiégeait
Komorn au centre de la Hongrie, pendant que
d'autres guerroyaient depuis Barcelone jusqu'à
Oporto, aurait pu succomber dans les plaines de
Wagram , sans qu'elle eût besoin de courir jusqu'à la Bérésina. Les antécédents, le nombre des
troupes disponibles , les succès déjà remportés ,
l'état du pays, tout influe sur la latitude que l'on
peut donner à ses entreprises : le grand talent du
général sera de les proportionner à ses moyens et
aux circonstances. Quant à la part que la politique
pourrait exercer dans ces invasions limitrophes ,
s'il est vrai qu'elle soit moins indispensable que
dans les incursions lointaines , il ne faut cependant pas oublier la maxime que nous avons émise
à l'article 6, qu'il n'y a pas d'ennemi, tel petit
qu'il soit, dont il ne fût utile de se faire un allié :
l'influence que le changement de politique du duc
de Savoie en 1706 , exerça sur les événements de
cette époque, de même que la déclaration de Maurice de Saxe en 1551 , et de la Bavière en 1813,
prouve assez qu'il est important de s'attacher tous
les états' voisins d'un théâtre de guerre , de ma-

nière à compter, sinon sur leur coopération, du moins sur leur stricte neutralité.

Il ne nous resterait plus qu'à parler des expéditions d'outre-mer; mais l'embarquement et le débarquement étant des opérations de logistique et de tactique plutôt que de stratégie, nous renvoyons à l'article 40 qui traite spécialement des descentes.

# RÉSUMÉ DE LA STRATÉGIE.

La tâche que je m'étais imposée, me semble passablement remplie par l'exposé que nous venons de faire de toutes les combinaisons stratégiques qui constituent ordinairement un plan d'opérations.

Cependant, comme nous l'avons vu dans la définition placée en tête de ce chapitre, la plupart des opérations importantes de la guerre, participent à la fois de la stratégie pour la direction dans laquelle il convient d'agir, et de la tactique pour la conduite de l'action elle-même. Avant de traiter de ces opérations mixtes, il convient donc de présenter ici les combinaisons de la grande tactique et des batailles, ainsi que les maximes à l'aide desquelles on peut obtenir l'application du principe fondamental de la guerre. Par ce moyen on saisira mieux l'ensemble de ces opérations, moitié stratégiques, moitié tactiques : on me permettra seulement de résumer au préalable le contenu du chapitre qu'on vient de lire.

Des divers articles qui le composent on peut conclure selon moi, que la manière d'appliquer le principe général de la guerre à tous les théâtres d'opérations possibles, consiste en ce qui suit :

1° A savoir tirer parti des avantages que pourrait procurer la direction réciproque des deux bases d'opérations, selon ce qui a été développé à l'article 18 en faveur des lignes saillantes et perpendiculaires à la base ennemie.

2° A choisir, entre les trois zones que présente ordinairement un échiquier stratégique, celle sur laquelle on peut porter les coups les plus funestes à l'ennemi, et où l'on court soi-même le moins de risques.

3° A bien établir et bien diriger ses lignes d'opérations, en adoptant, pour la défensive, les exemples concentriques donnés par l'archiduc Charles en 1796, et par Napoléon en 1814; ou bien celui du maréchal Soult en 1814 pour les retraites parallèles aux frontières.

Dans l'offensive, au contraire, on aura à suivre le système qui assura les succès de Napoléon en 1800, 1805, 1806, par la direction donnée à ses forces sur une extrémité du front stratégique de l'ennemi, ou bien celui de la direction sur le centre, qui lui réussit si bien en 1796, 1809, 1814. Le tout selon les positions respectives des armées, et selon les diverses maximes présentées à l'article 21.

4° A bien choisir ses lignes stratégiques éventuelles de manœuvre, en leur donnant la direction convenable pour pouvoir toujours agir avec la majeure partie de ses divisions, et pour empêcher au contraire les parties de l'armée ennemie de se concentrer ou de se soutenir réciproquement.

5° A bien combiner, *dans le même esprit d'ensemble et de centralisation*, toutes les positions stratégiques, ainsi que tous les grands détachements qu'on serait appelé à faire pour embrasser les parties indispensables de l'échiquier stratégique.

6° Enfin à imprimer à ses masses la plus grande activité et la plus grande mobilité possibles, afin que par leur emploi successif et alternatif sur les points où il importe de frapper, on atteigne le but capital de mettre en action des forces supérieures contre des fractions seulement de l'armée ennemie.

C'est par la vivacité des marches qu'on multiplie l'action de ses forces, en neutralisant au contraire une grande partie de celles de son adversaire : mais si cette vivacité suffit souvent pour procurer des succès, ses effets sont centuplés si l'on donne une direction habile aux efforts qu'elle amènerait, c'est-à-dire lorsque ces efforts seraient dirigés sur les points stratégiques décisifs de la zone d'opérations, où ils pourraient porter les coups les plus funestes à l'ennemi.

Cependant, comme l'on n'est pas toujours en mesure d'adopter ce point décisif, exclusivement à tout autre, on pourra se contenter parfois d'atteindre en partie le but de toute entreprise, en sachant combiner l'emploi rapide et successif de ses forces sur des parties isolées, dont la défaite serait alors inévitable. Lorsqu'on réunira la double condition de la rapidité et de la vivacité dans l'emploi des masses, avec la bonne direction, on ne sera que plus assuré de remporter la victoire et d'en obtenir de grands résultats.

Les opérations qui prouvent le mieux ces vérités sont celles si souvent citées de 1809, 1814, comme aussi celle ordonnée à la fin de 1793 par Carnot, déjà mentionnée à l'article 24, et dont on trouve le détail au tome IV de mon Histoire des

guerres de la révolution. Une quarantaine de bataillons transportés successivement de Dunkerque
à Menin, à Maubeuge et à Landau, en renforçant
les armées qui s'y trouvaient déjà, décidèrent
quatre victoires qui sauvèrent la France. Toute la
science des marches se trouverait renfermée dans
cette sage opération, si à cette combinaison on
pouvait ajouter le mérite de l'application au point
stratégique décisif du théâtre de la guerre : mais
il n'en fut pas ainsi, car l'armée autrichienne étant
alors la partie principale de la coalition et ayant
sa retraite sur Cologne, c'était sur la Meuse
qu'un effort général des Français eût porté les plus
grands coups. Le comité pourvut au danger le plus
immédiat, et l'observation que je me permets ne
saurait diminuer en rien le mérite de sa manœuvre : elle renferme la moitié du principe stratégique, l'autre moitié consiste précisément à donner,
à de pareils efforts, la direction la plus décisive,
comme Napoléon le fit à Ulm, à Jéna, à Ratisbonne.
—Tout l'art de la guerre stratégique est dans ces
quatre applications différentes. On me pardonnera
de répéter si souvent ces mêmes citations, j'en ai
déjà déduit les motifs.

Il serait inutile, je pense, d'ajouter qu'un des
grands buts de la stratégie est de pouvoir assu-

rer des avantages réels à l'armée, en lui préparant le théâtre le plus favorable à ses opérations
si elles ont lieu dans son propre pays; l'assiette
des places, des camps retranchés, des têtes de
ponts; l'ouverture des communications sur les
grandes directions décisives, ne forment pas la
partie la moins intéressante de cette science :
nous avons indiqué tous les signes auxquels on
peut facilement reconnaître ces lignes et ces
points décisifs, soit permanents, soit éventuels.
Napoléon a donné des leçons dans ce genre par
les chaussées du Simplon et du Mont-Cenis : l'Autriche en a sagement profité depuis 1815, par les
routes du Tyrol sur la Lombardie, le Saint-Gothard et le Splugen, ainsi que par diverses places
projetées ou exécutées.

**FIN DE LA PREMIÈRE PARTIE.**

# TABLE DES MATIÈRES

## DE LA PREMIÈRE PARTIE.

## CHAPITRE I.

### DE LA POLITIQUE DE LA GUERRE.

# CHAPITRE II.

DE LA POLITIQUE MILITAIRE OU DE LA PHILOSOPHIE DE LA GUERRE.

# CHAPITRE III.

DE LA STRATÉGIE.

*N. B.* L'article des grands détachements et diversions, qui complè-
terait la stratégie, a été transposé au chapitre V, des opérations
mixtes. Il est actuellement le 36ᵉ (tome 2ᵉ).

# ERRATA.

Page 23, ligne 4, après fortification, *ajoutez :* Imbert s'est efforcé de
 la rattacher aux principes de la tactique.
— 88, ligne 25, *placez* une virgule après le mot jacobins.
— 110, ligne 24, après 1815, *ajoutez :* et la levée en masse du Portugal sur la simple proclamation d'un conseil de régence,
— 195, ligne 7, au lieu de *et*, *lisez :* ou.
— 201, ligne 14, au lieu de *ses*, *lisez :* ces.
— 209, ligne 18, au lieu de fronts différents, *lisez :* faces différentes.
— 373, ligne 18, *supprimez* la virgule après le mot Tyrol.
— 129, ligne 16, au lieu de qu'on, *lisez :* que l'on.

Fig. I.

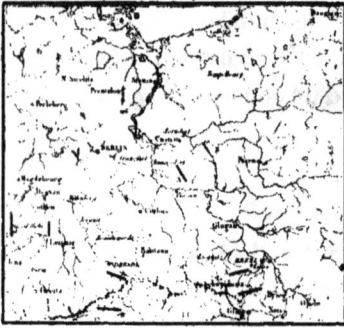

Fig. II.

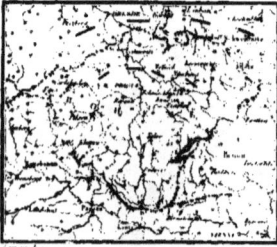

Fig. III.

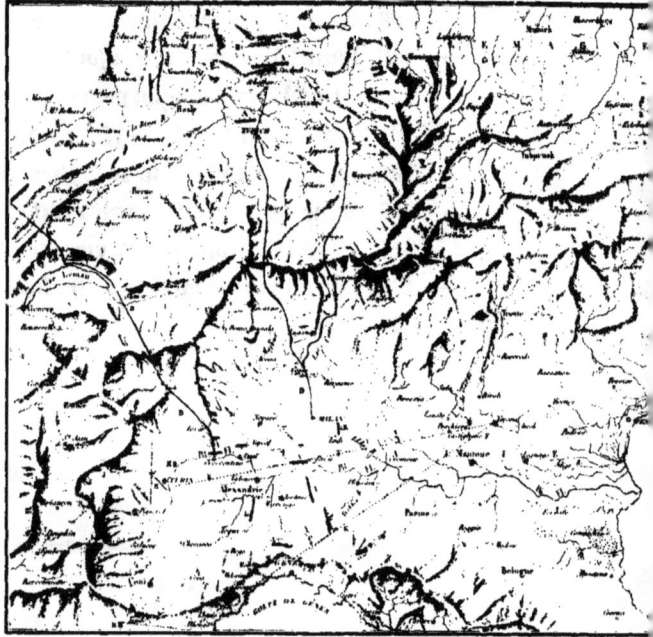

Croquis pour l'intelligence des Lignes d'Opérations.

# BIBLIOTHEQUE    NATIONALE

## SERVICE DES NOUVEAUX SUPPORTS

58, rue de Richelieu,  75084 PARIS CEDEX 02  Téléphone   266 62 62

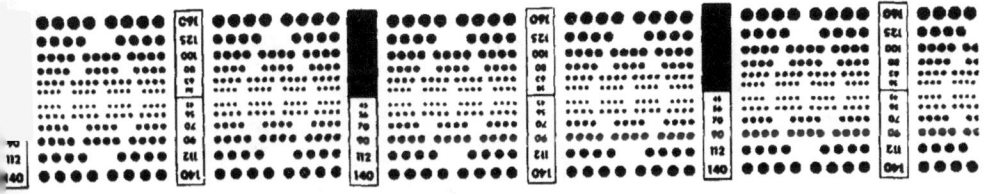

Achevé de micrographier le :    3 / 7 /1978

Défauts constatés sur le document original

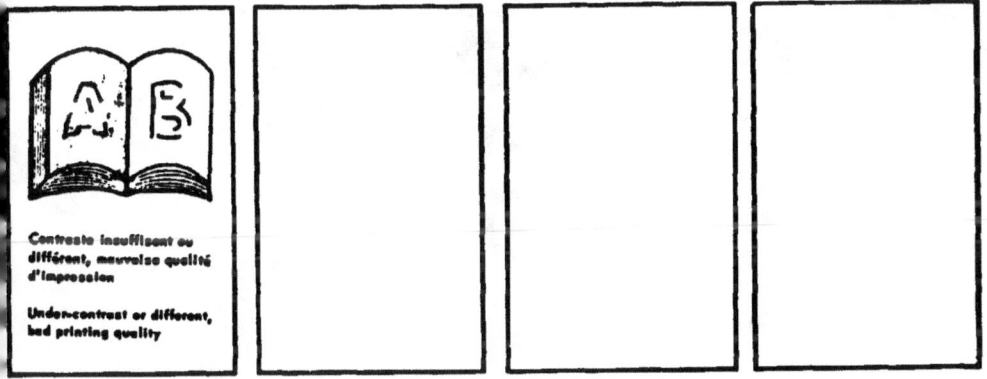

Contraste insuffisant ou
différent, mauvaise qualité
d'impression

Under-contrast or different,
bad printing quality

www.ingramcontent.com/pod-product-compliance
Lightning Source LLC
Chambersburg PA
CBHW052105230326
41599CB00054B/3765